绿色治理

全球环境事务与中国可持续发展

LÜ SE ZHI LI

QUAN QIU HUAN JING SHI WU YU ZHONG GUO KE CHI XU FA ZHAN

蔺雪春　著

齊鲁書社

山东工商学院劳动与社会保障重点学科建设经费资助出版

中国博士后科学基金项目“民生实践认同的社会主义生态文明建设机制完善研究”(项目编号:2012M510038)资助

教育部人文社科研究青年基金项目“政府创新视角的地方生态文明实践动力机制及其优化研究”(项目批准号:12YJC710038)资助

序 言

应该说,斯德哥尔摩人类环境会议40周年、里约环境与发展大会20周年的时间节点为我们提供了一个总结与反思国际社会对于全球性生态环境难题认知与应对的适当契机。我们究竟应如何评估迄今为止已经取得的科学认识以及建立在这些认识基础上的社会政治应对方案,我们又该如何评价国际社会范围内已经采取的贯彻落实这些应对方案的具体行动。换句话说,如果近半个世纪努力之后的现实并不理想或并不能让我们感到满意,我们应该向何处寻找问题的答案或走向未来的出路。这是因为我们的认识不够深刻全面、我们的应对方案不够现实可行,还是因为我们的实践缺乏切实有效的行动,或者是同时因为上述两者及其不同形式的组合。可以说,上述问题在2009年底的哥本哈根会议之后就一直在困扰着世界各国的环境主义者与政治社会精英,而2012年夏天的里约环境与发展纪念峰会并没有提供一种让人“心明眼亮”意义上的回答。

一方面,对于已经进入21世纪的人类社会来说,“全球环境事务”或“环境事务的全球性”已经成为一个被普遍认可的现实。这意味着,生态环境问题已经很难简单从地区或国别的意义上加以界定或描述,这方面最为典型的是极地上空的臭氧层破坏和温室气体效应所引起的全球气候异常。尽管就其具体影响的性质与程度而言,二者对于不同地区的人类社会生存生活仍有所差别,但从总体上它们再清楚不过地表明了环境问题的地球性和不承认哪怕最严格的行政边界。相应的,生态环境问题的成功应对也已很难只借助于世界超级大国或某些区域性集团的力量来实现。比如,即使当今世界最大超级大国的美国也从不承诺可以独自承担"挽狂澜于不倒"的全球性环境责任(即便她心甘情愿去做的话)。就此而言,亚马孙森林的乱砍滥伐、非洲中部的干旱饥荒、中国城市的严重雾霾,都不是一个单个区域自身的问题,也很难通过其"自扫门前雪"的思维与路径来加以解决。比如,肆虐了差不多2013年1月大多数日子的中国东部城市雾霾,让人更多联想到的不是这些城市的政策应对,而是当今中国的"世界工厂"地位——可以说,只要中国依然是世界低端产业(肮脏工业)的主要集聚地,我们就很难奢想山清水秀的绿色城市和"美丽中国",而这显然并非只是一个"中国问题"。

另一方面,即便对于已经进入21世纪的人类社会来说,"全球环境事务"的"全球性管治"还显然依旧是一个问题。从一种回顾的立场看,过去近半个世纪中联合国及其机构逐渐担当起了一种全球性制度平台的角色,然后才有了几次著名的环境与社会发展国际大会以及相应的全球性法律与行政管理制度建设。这其中最为著名的是1972年举行的人类环境会议和1992年举行的环境与发展大会。前者发表了《人类环境宣言》和决定成立联合国环境规划署,从而为随后大规模展开的世界各国环境问题应对与国际合作奠定了国际性法律与政治框架基础,而后者确立了"共同但有区别的责任"的国际环境政治与合作原则并制定了基于可持续发展理念的《21世纪议程》,第一次明确地把发达国家和发展中国家在环境与发展共赢的思路下置于统一的框架内。但是,这样一种全球性管治框架的自身弱点(更多是由联合国的一般性制度框架决定的)和参与主体即联合国成员国的民族国家利益至上性与相互间利益差异,共同决定了对可持续发展理念与战略的不同理解:

对于少数发达国家来说，可持续发展更多的是生态可持续性和借助强调生态可持续性而保持自身的发展优势的问题，而对于大多数发展中国家来说，可持续发展更多的是在实现持续高速经济增长并壮大自身实力的同时适当兼顾生态环境保护的问题——也就是人们经常说的“我们只有一个地球，但我们处在不同的世界”。这种观察与理解维度的差异应该说是有着自己的历史合理性与合法性的，但一旦部分发展中国家（比如所谓的“金砖国家”）的经济实力达到一定程度和少数发达国家的传统优势遭到挑战时，二者之间当初达成的那些“绿色政治共识”就会率先受到威胁，而这正是《京都议定书》后续谈判中所逐渐突显出来的国际环境政治现实，直至哥本哈根会议的彻底“崩盘”。

与此同时，“全球环境事务”或“环境全球管治”对于中国来说也是一个在实践中不断提高认识，在实践中不断反思自身的过程。

一方面，我们从最初的根本不承认社会主义制度下存在着环境问题，到逐渐认识到生态环境问题的普遍性与严重性。众所周知，直到 1972 年在斯德哥尔摩举行的人类环境会议，我们都还不敢或不愿意在公开场合承认现实中存在的生态环境破坏或工业污染问题，坚持认为欧美西方国家的生态环境恶化是它们资本主义制度缺陷造成的必然性结果，而我们的社会主义计划经济和政治制度可以从根本上避免类似的弊端；然而，党的“十八大”报告已经明确承认了我们的社会主义现代化所面临的生态环境挑战的严重性，而必须进行从经济产业结构到生产生活方式的根本性变革，也就是要“大力推进生态文明建设”。就此而言，我们正是在不断推进的社会主义现代化实践过程中认识到了生态环境问题，也逐渐认识了现代化后果的多重性。试想，我们在 20 世纪 50 年代末或 70 年代初高喊出建设“现代化中国”或实现“四个现代化”宏伟蓝图的时候，从社会政治精英到普通民众对于“工业化”或“城市化”的生态环境副效果其实是几无所知的——那时正肆虐于欧美国家主要工业城市的烟雾或水污染对于我们来说仿佛是发生于另一个世界。

另一方面,我们从国际社会环境政治努力中寂寞无语的旁观者,到今日发展成为一名举足轻重的参与者、博弈者,甚至被一再称为全球性问题的“中国答案”。到20世纪90年代,随着改革开放的不断深入与扩展,随着社会主义市场经济体制的逐渐建立,中国已经显然成为了新一轮世界经济全球化浪潮的“风头浪尖”——但与近代史上数次发生的与机遇擦肩而过不同,中国这次真正成为了一名历史的“幸运儿”。结果是,我国迅速崛起成为西方国家产业与资本大规模转移的集聚地,成了一个名副其实的“世界工厂”。只是,这种变化在给中国带来了蓬勃发展的经济与社会活力的同时,也很快就积累起了日趋严重的环境污染与生态破坏。相应的,我们多少有些不情愿、但却半推半就地成了国际环境政治与合作舞台上的明星,尽管迄今为止更多是在疲于应付的被动意义上。而这正是2009年哥本哈根气候大会上所发生的事实:仿佛转眼之间,我们已经成为包括许多发展中国家在内的环境国际社会的批评性关注对象——它们对于来自中国的全球生态安全贡献的期望更高,而我们显然还没有做好这方面的准备。

笔者认为,上述要点构成了我们理解变化中的“全球环境事务”或“环境全球管治”以及中国在其中的适当角色的现实背景与基础。其中最为核心性的是,生态环境议题的跨国性、国际性和全球性理解与应对已经成为一种迅速发展中的现实和必然趋势,而我国理当尽快成为这一变革进程中的真正主角:既不单纯是作为一个现实主义者去捍卫自己的传统民族国家利益,也不纯粹是作为一个理想主义者去捍卫这个星球的生态可持续性和生态安全。因而,这是一个十分严肃而且极具挑战性的时代命题,甚至可以说直接关系到一个不断崛起中的中国的崛起模式和发展道路,值得新一代年轻学者们去“大胆思考、小心求证”。令笔者欣慰的是，蔺雪春博士的专著《绿色治理：全球环境事务与中国可持续发展》直面这一理论与实践前沿课题，并给出了自己的系统性阐发与解答，虽不敢说“石破天惊”之举，但的确是紧紧抓住了时代学术的脉搏。

该著作是在他2005年答辩通过的博士论文的基础上修改完成的，因而自然的在内容和结构上分为两大部分：前一部分讨论的是“环境全球事务”（即他概括为的“全球环境话语”和“联合国全球环境治理机制”），尤其是理论层面（话语）和实践层面（制度）之间的相互建构关系——这是他博士论文的主体部分。尤其需要指出的是，他博士论文的重要特点是不仅一般性描述了这样一种相互建构关系，而且尝试做出一种定量意义上的量化分析，并以联合国气候变化议程为例做了实例性解析。正因为如此，该论文获得了2009年度山东大学的优秀博士论文奖；后一部分讨论的是“环境全球事务”视野下的中国可持续发展，系统探讨了中国的可持续发展目标、可持续发展管理、可持续发展途径和可持续发展外交，而前提则是我们必将逐渐强化的“生态理性”或“生态主义”回应方式。可以看出，他努力地将前后两个部分置于一个共同的分析框架之下，并且包含了一种明确的环境政治价值取向：即在更积极地融入环境国际社会的过程中实现自身的可持续发展。

对于专著中的上述方面或主体性内容笔者是完全赞成的，尤其是后一部分的内容更多体现了蔺雪春博士近年来从事公共管理教学与研究的最新成果，令人高兴。但作为一部博士论文基础上的学术专著，无论对于目前这样一个范围大大扩展了的理论分析框架（不再是全球环境话语和联合国全球环境治理之间的关系，而是环境全球事务和中国可持续发展之间的关系），还是对于其中第一部分尤其是第二部分的分析内容来说，似乎都还可以阐述得更严谨些、更细致些。笔者总的感觉是，第二部分关于中国可持续发展论述的结论部分显得有些系统性有余,而学术冲击力稍微逊色些。当然,《绿色治理:全球环境事务与中国可持续发展》一书是他的第一部独立学术专著,其后必将有更多更好的机会来进一步阐发与完善书中已经提出的学术观点。

作为昔日的博士指导教师和今日的学术同行,欣闻本书即将由著名的齐鲁书社出版,简略撰写上述鼓励性文字,是为序。

郇庆治

2013 年 1 月 22 日于北京大学

目 录

导 论

第一节 问题提出及研究意义

一、问题的提出

(一)环境问题全球化及全球环境事务兴起

自20世纪60年代以来,环境问题全球化的趋势愈加明显,环境问题已经被纳入一个相当广泛的包括自然科学家或社会科学家在内的知识分子、政治家、企业家乃至全球市民社会的探讨范畴,它们反映了人类社会对日益严重的环境危机的回应以及这种回应的"全球性"①在不断增强。

就环境问题的全球化而言,主要有3个方面的进程值得我们关注。② 一是环境物质的全球化,主要是说,由于环境物质具有相互联

① 所谓"全球性",一方面是指跨越大陆的关系,应当包含洲际距离;另一方面则是指多边联结与相互依存所形成的网络。并且"全球性"的程度或强或弱,可强至覆盖人类整体以及整个地球,也可弱至多个大陆之间的联系,乃至"全球性"的消无。"全球化"即应指这种"全球性"的动态扩展过程。笔者对文中"全球"一词的使用,即主要是根据"全球性"的定义。因此,全球环境问题应当是跨越大陆的与(多个大陆甚或整个人类)整体利益相关的问题,在治理上则需要一种多边联结的体制。有关"全球性"的探讨可参见〔美〕罗伯特·O. 基欧汉、约瑟夫·S. 奈:《权力与相互依赖》第3版,门洪华译,北京大学出版社2002年版,第275页。

② 威廉·C. 克拉克:《环境问题的全球化》,载〔美〕约瑟夫·S. 奈、约翰·D. 唐纳胡主编:《全球化世界的治理》,王勇、门洪华等译,世界知识出版社2003年版,第77~96页。

结的特性,包括能源、物质元素、生物体在内的环境物质流动的"全球性"程度在不断增强,环境物质的长距离输送将使一个地方的环境变化对另一个距离遥远的地方的自然环境、社会生活产生重大影响。尤其是在酸雨、气候变化、臭氧层衰竭、生物多样性、沙漠化、水污染、有毒污染物扩散等方面所发生的危机,导致了全球环境问题的形成。二是环境意识的全球化,它说明,人们对环境问题的认知与反思已经渗入到建构新型的国际政治行为体间关系、人与人的关系、人与自然关系的方式之中。三是环境治理的全球化,意味着环境事务领域一系列以全球整体价值和原则为指导的治理规范、治理结构的形成,它们是全球化的环境意识对环境物质深入认知和反思的结果。当前的环境问题,已经被同时列入全世界公众和政治精英的议事日程。①

总体来看,第一个进程主要属于自然科学的范畴,并非本文关注的重点对象,尽管后文论述仍要不可避免地涉及这一进程的某些内容。第二个及第三个进程则被涵纳进一个关涉经济社会政治、外延极为广阔的全球环境事务范畴,意味着全球环境事务的兴起与发展过程,因而成为本文考察全球环境事务的重要线索。

首先,在环境意识的全球化层面上,尽管人们对环境问题的根源和解决方式、如何对待和维护人与自然的关系进而人与人的关系等问题仍有许多不同的看法,但对环境问题关涉人类共同利益、环境治理需要国际乃至全球范围的密切合作方面已经取得初步共识。自20世纪60年代以来,一个可观察的事件是,国际社会已经形成了一系列认知全球环境问题、应对全球环境事务的话语体系,也即全球环境话语。

---

① Miranda A. Schreurs et al., "Issue attention, framing and actors: An analysis of patterns across arenas," in Social Learning Group, *Learning to Manage Global Environmental Risks* (Cambridge: MIT Press, 2001), P. 349～364.

其次，在环境治理的全球化层面上，全球环境治理的主体结构呈现出多元化、多层化的特征，不同的国际组织、民族国家、地方政府乃至个人都在全球环境事务中发挥了不同程度的作用，而且绝大多数民族国家、国际组织都对环境治理或与环境保护相关的问题制订了明确的法律规范、治理规则，国际或全球层面的环境外交与集体行动也已蓬勃发展起来；但到目前为止，在这些不同的主体、规范及治理行动当中，能够在世界范围或全球层面上发挥主导作用的机制却是联合国。因此，1972 年斯德哥尔摩联合国人类环境大会（UNCHE）上以联合国为中心的全球环境治理机制（下文将其简称为联合国全球环境治理机制）的建立，无疑是环境治理全球化的标志性事件。

（二）全球环境事务是如何演变的

30 多年来，随着人类社会对全球环境问题进而对人类社会本身进行的不懈探索与思考，全球环境话语与联合国全球环境治理机制都经历了并可能会继续经历明显的变化过程。其中，一个值得重视的现象是，有关全球环境问题的各种讨论、研究乃至包括绿党在内的各种环境政治运动，主要是在德国、英国、美国、荷兰、挪威、瑞典等西方发达国家展开的，针对全球环境问题或事务的各种主流观点、信念、理论体系也主要是由西方发达国家的学者或政治家所倡导的。然而，由于环境物质的全球性联结，全球环境问题并不像主权国家的领土那样具有不可逾越的政治或民族的边界特征。那么，联合国全球环境治理机制作为世界范围内处理全球环境问题的核心机制，有没有可能受到全球环境话语由西方所主导这一现象的影响呢？反过来说，联合国全球环境治理机制在30 多年的历程中已经获得了相对的独立性，它的存在与演变对全球环境话语又意味着什么呢？

归根到底，上述两个问题可以凝结为一个问题，即：30 多年来，全球环境事务是如何演变的?笔者以为,只有弄清楚全球环境话语与联合国全球环境治理机制两者间的相互关系,我们才能具备理解全球环境事务演变机理的可能性。

(三)中国如何从全球环境事务中汲取有益经验

就全球环境事务的两大进程——全球环境话语与环境治理而言,中国在其中发挥了一定作用,当然更多的还是受到它们的影响。在1972年收到联合国秘书长有关联合国人类环境大会的与会邀请后,中国派出时任燃料化学工业部副部长唐克为团长、恢复联合国合法席位后规模最大的代表团参加了大会,提出了自己对全球环境问题的相应主张。周恩来总理则亲自审阅了代表团的报告文稿,并要求"通过这次会议,了解世界环境状况和各国环境问题对经济、社会发展的重大影响,并以此作为镜子,认识中国的环境问题"①。

代表团通过对世界环境概况以及环境对经济社会各方面发展影响的了解,凸显出了中国发展过程中环境问题的重要性和必要性,认为中国城市的环境问题并不比西方国家轻,而自然生态方面的问题也远在西方国家之上。② 周恩来总理根据代表团的汇报,指示召开了第一次全国环境保护会议。这次会议引起了高层领导者对环境问题的重视,由此揭开了中国环保事业的序幕。③

因此,具体到中国而言,我们的问题是:30多年来,全球环境事务的演变过程意味着什么?中国如何在有效应对全球环境事务的基础上为自身建构起一个强有力的、绿色、可持续的未来?

---

① 中共中央文献研究室:《周恩来年谱(1949~1976)》下卷,中央文献出版社1997年版,第528页。

② 曲格平:《梦想与期待:中国环境保护的过去与未来》,中国环境科学出版社2000年版,第50页。

③ 杨文利:《周恩来与中国环境保护工作的起步》,载《当代中国史研究》2008年第3期,第21~26页。

二、研究意义

关于以上问题的研究意义,可主要概括为以下3个方面:

其一,笔者试图以动态的建构主义视角探寻全球环境话语与联合国全球环境治理机制的相互关系,并对两者的相互作用过程进行不同层面的解析,这首先能为两者的演化或变迁问题提供一种互动意义上的解释,并最终能为国际社会更好地认知全球环境事务提供一种综合的框架。

其二,我们也许能借助该综合框架对有关全球环境事务的变迁趋向进行某种程度的预测,比如建构一种新话语、推动诸如八国集团或二十国领导人会议以及世界环境组织或环境与发展组织等新型全球环境治理机构进展的可能性和现实路径,从而对国家、国际组织等国际政治行为体在国际或全球层面上的环境决策与行动提供某种借鉴。

其三,它或许有助于丰富和充实中国学者有关全球环境问题的研究领域,推动中国学者在该研究领域的话语权或表达能力的扩展与提升进程;帮助中国寻求有益于可持续发展的积极经验,在解决自身环境难题基础上加快生态文明步伐。

第二节　研究方法

一、研究视角

对全球环境事务环境话语、环境治理机制两大进程的研究,乃至全球环境事务对中国可持续发展影响的探讨,本文都试图以建构主义理论为视角。主要因为:

1. 基于权力路径的现实主义过于强调单一的霍布斯式的无政

府状态逻辑,把自助原则视为行为体行动的唯一准则,因而容易忽视国际机制的重要性。即使讨论国际机制,也往往把它看做是权力或霸权需要的产物,而权力的实质则在其物质性。另一方面,在现实主义的世界里,由于行为体对相对收益的高度关切,行为体间的竞争往往胜于合作,因此大大降低了一种有效的全球环境话语沟通或讨论的可能性。

2. 基于利益路径的新自由主义虽然对建构国际机制的可能性有更加清醒的认识,并对国际机制的重要功能表示肯定,比如国际机制可以减少信息的不对称性,降低合法交易成本,减少行为的不确定性,促进国家之间达成合作协议等等。[①] 但它与现实主义一样,仍然把国家视为谋求利益最大化的理性行为体,把国际体系的基本结构看做是物质结构;往往容易弱化甚至忽视非物质层面的文化、观念或者说话语在国际关系中的重要作用。而实质上对建立国际机制的深层动因及其过程的探讨,却不可能置观念的建构作用于不顾。

尽管新自由主义的代表人物罗伯特·O. 基欧汉(Robert O. Keohane)已开始逐步思考观念在政治尤其是外交政策中所发挥的作用问题,并与其学生斯坦福大学政治学副教授朱迪斯·戈尔茨坦(Judith Goldstein)在1993年共同主编的《观念与外交政策》一书中主张,观念因素同物质因素一样都能够影响外交政策,观念可以作为解释政治结果的重要因素,并提出了观念发挥作用的3条路径,即:观念为行为者提供路线图;观念在不存在单一均衡的情况下对结果产生作用;嵌入政治制度当中的观念在不存在创新时规定政策,[②]从而架起了沟通新自由主义与建构主义的桥梁。但正如亚历

① 〔美〕罗伯特·O. 基欧汉:《霸权之后:世界政治经济中的合作与纷争》,苏长河、信强、何曜译,上海人民出版社2006年版,第86~98页。

② 〔美〕朱迪斯·戈尔茨坦、罗伯特·O. 基欧汉编:《观念与外交政策:信念、制度与政治变迁》,刘东国、于军译,北京大学出版社2005年版,第13页。

山大·温特(Alexander Wendt)所评价的,此书的作者们所讨论的观念是由个人所持有的观念,不是团体行为或社会制度所主张的观念,也即共有知识、共有观念。因此,该书为我们留下了一个具有重大意义的挑战,即如何在个人信念的微观基础与团体性机构以及由集体性的知识结构所展现出来的国际机制概念之间保持均衡。①

3. 与现实主义和新自由主义相比,基于认知路径的建构主义明确强调观念、文化、认同、规范等非物质因素对国家行为与利益形成具有重要的建构作用。它反对把物质因素作为解释国际关系和行为体行为的唯一或最主要的因素,认为是观念赋予权力和利益以意义。这就在既有的物质因素基础上为话语探讨、机制建构、话语与机制所发挥的影响等问题提供了更为合理的认知路径。

但建构主义经过较长时间的发展,内部已经分化成不同的理论流派,约翰·鲁杰(John Ruggie)将建构主义大致分为3派:新古典建构主义、自然建构主义、后现代建构主义;②迈耶·齐菲斯(Maja Zehfuss)则将其分为认同建构主义、规范建构主义、言语行为建构主义;③亚历山大·温特将其分成现代主义、后现代主义、女性主义3个学派。④ 这些派别各自的研究重点有所不同,在许多问题上也有较大分歧,其中比较突出的即本体论意义上的物质因素作用的有无问题。但问题的关键不是在物质与观念间接受哪一方摒弃哪一方,

---

① See Book review of Alexander Wendt for "Ideas and foreign policy: Beliefs, institutions, and political change," *American Political Science Review* 88/4 (December 1994), P. 1040 ~ 1041.

② See John Ruggie, "What makes the world hang together: Neo - utilitarianism and the Social Constructivist challenge," *International Organization* 52/4 (Autumn 1998), P. 855 ~ 885.

③ See Maja Zehfuss, *Constructivism in International Relations* (Cambridge: Cambridge University Press, 2002).

④ 〔美〕亚历山大·温特:《国际政治的社会理论》,秦亚青译,上海人民出版社2000年版,第4页。

而是物质或观念究竟在多大程度上起作用，起什么样的作用，如何起作用。物质力量的存在及其独立的因果作用不应被否认，“但物质力量是次要的，物质力量只有在被建构为对于行为体有着特定意义的时候才是重要的”①。因此，与截然拒绝物质因素作用的激进建构主义观点相比，本文所使用的建构主义理论在总体上将主要是一种温和的建构主义，并希望借鉴或综合建构主义学者有关建构主义理论研究的有益成分。

进一步说，它以整体主义为方法论，以科学实在论为认识论，注重共有观念或共有知识等社会内容在国际关系中的建构作用，主张相互认同、相互信任的共有知识或共有观念能够保证国际合作顺利进行，从而于某种程度上弥补了罗伯特·O. 基欧汉在阐述观念作用时所使用的个体主义方法所带来的某些缺陷。另一方面，它也关注能够形成共有知识、共有观念的建构进程或者说是一种互动过程，注重行为体、情境、规则等不同变量在这种建构进程中所发挥的不同作用。其理论架构试图涵盖以下内容：

1. 关于“建构”的概念

所谓“建构”，主要是指两个相关因素中一方对另一方的塑造作用，一方最终构造了另一方并促成对方的存在，但同时也制约了对方的存在状态、发展轨迹。② 这意味着构成建构关系的双方是相互包含、相互依存的，双方具有某种紧密的内在联系。与构成因果关系的双方在时间概念上有先后、双方的存在是相互独立的情况相比，建构关系与因果关系有着明显的差别。

2. 国际体系的基本结构、行为体及其建构进程

① 〔美〕亚历山大·温特：《国际政治的社会理论》，第 28 页。

② 哈里·古尔德：《行为体—结构论战的实质意义》，载〔美〕温都尔卡·库巴科娃、尼古拉斯·奥鲁夫、保罗·科维特主编：《建构世界中的国际关系》，肖锋译、张志洲校，北京大学出版社 2006 年版，第 95 页。

建构主义认为，国际体系的基本结构不能仅仅像现实主义和新自由主义那样将其表达为一种物质结构，更重要的是从深层上将其视为一种社会结构或者说观念的分配，看做是一种文化。虽然对这种社会结构进行直接观察并不容易，但它们与物质结构一样都是实在的。

结构与行为体之间可以相互建构，两者都内生于同一个互动进程之中，不可能将其中一方排斥于这一进程之外。"所有结构，无论是宏观还是微观，只有在进程中才能得以支持。"①在结构与行为体的互动进程中，共有观念或"社会结构可以通过不同方式起到作用：如建构行为体身份和利益，帮助行为体寻找解决问题的共同方案，定义对行为的期望，确立威胁因素等等"②。反过来说，社会结构又是行为体实践活动建构的结果，具有某种文化信念的行为体在创造共有知识的同时，又通过其实践活动确证或否证共有知识，使得某种文化或者说社会结构能够不断地自我实现和强化，成为"前进中的结晶"③。

3. 关于情境、规则

情境因素无疑是行为体思考、言谈、行动的首要参量，它们在客观上会构成行为体行为的物质结构，规约行为体的目标选择与活动范围；在主观上则渗入到行为体的认知心境当中，影响或促使其形成特定的情绪、意愿和动机。当然，情境本身也会受到行为体活动的影响并发生相应的变化。但无论如何，情境因素始终构成了行为体无法脱离的背景条件。

而规则可以帮助行为体界定所有相关的情境，告诉人们在某种

---

① 〔美〕亚历山大·温特：《国际政治的社会理论》，第230页。

② 〔美〕亚历山大·温特：《国际政治的社会理论》，第28页。

③ Richard Ashley, "Untying the sovereign state: A double reading of the anarchy problematique," *Millennium* 17 (1988), P. 227 ~ 262.

情境下应该做什么,并帮助人们判断“谁是社会的积极参与者”①。诚如美国政治学者尼古拉斯·奥鲁夫(Nicholas Greenwood Onuf)所说,“在很多情境下,正是规则直接提供给行为体以相应的选择。”②因此,在建构主义的世界里,在处于相互建构状态下的双方被认为是已经存在的情况下,规则便承担起联结双方的中介要素的职责。

总之,与现实主义和新自由主义相比,建构主义更为注重物质因素、权力和利益背后的观念、话语、规范等社会内容的建构作用,能够在“只要遇到似乎是‘物质’理论的时候,就探究驱动这种理论的话语条件”③。从而为我们提供了一种更加深刻的理论视角。因此,以建构主义作为本文的理论视角,将有助于深化我们对全球环境事务演变机理,也即其两大进程——全球环境话语与联合国全球环境治理机制相互关系的认知;理解全球环境事务对中国可持续发展的有益影响,以及中国思考与应对行动的重要意义。

二、理论假设、研究路径及主要方法

(一)理论假设

本文的理论假设是,全球环境事务可以被分作两大进程——全球环境话语、联合国全球环境治理机制来研究,处于演化中的全球环境话语与同样处于演化中的联合国全球环境治理机制可以相互影响,两者共同演化促动全球环境事务演变。可持续发展的前提是环境可持续,全球化背景下的中国已深刻融入世界,因此,中国的可持续发展应建立于清晰认知全球环境事务、积极参与全球环境事

---

① 尼古拉斯·奥鲁夫:《建构主义:应用指南》,载〔美〕温都尔卡·库巴科娃、尼古拉斯·奥鲁夫、保罗·科维特主编:《建构世界中的国际关系》,第69页。

② 尼古拉斯·奥鲁夫:《建构主义:应用指南》,载〔美〕温都尔卡·库巴科娃、尼古拉斯·奥鲁夫、保罗·科维特主编:《建构世界中的国际关系》,第71页。

③ 〔美〕亚历山大·温特:《国际政治的社会理论》,第168页。

务、主动借鉴全球环境事务有益经验并避免其不利影响的基础上。以此为前提,笔者将对全球环境事务两大进程的相互关系、全球环境事务对中国的影响以及相应的中国可持续发展战略或管理实践展开初步探索乃至某种程度的深入研究。

(二)研究路径

本文总体上分两步进行。第一步是探究全球环境事务的演变机理,包括:界定全球环境话语与联合国全球环境治理机制的相应概念;分析全球环境话语与联合国全球环境治理机制两个变量间的相互关系。

第二步则在描述中国对全球环境事务的反应或全球环境事务对中国产生影响的基础上,分析中国的应对选项,即中国的可持续发展战略或可持续发展管理模式,主要包括目标、组织、途径、外交、评价五个方面的内容。

(三)主要方法

在第一步当中,笔者将首先在简要考察20世纪60年代以来全球环境话语与联合国全球环境治理机制变迁历程的基础上,对两者的相互关系进行关联比较并得出定性判断;然后试图采用量化分析,包括指标分解、测量相关系数和编制相关图表、列联表等方法,尽可能以统计学方法科学地确定两者之间存在相关性。其次将把全球环境话语与联合国全球环境治理机制两个变量相对分离开来,探讨双方的相互促进与制约作用;从而对两者相互关系进行定位,将其归结到建构性质上。最后在探讨两者间存在的相互建构关系是如何形成或展开的问题时,将揭示影响两者相互作用的主要变量,试图阐明全球环境话语与联合国全球环境治理机制是在什么情况下、通过何种媒介相互作用的,其施动主体又是谁;然后以这些主要变量为基线对两者的相互建构过程进行不同层面解析;继而通过专门的联合国气候变化议程的案例研究,对这种解析做出更好的说

明。因此,第一步将在总体上促进我们对全球环境事务演变机理的理解。

在第二步当中,首先要通过中国的声音与行动,廓清中国受全球环境事务影响的显在事实,并尽量说明可能的潜在趋势。然后,笔者将根据战略管理的一般过程,以及从全球环境事务中所能学习、观察到的经验和趋势,说明中国未来所能采取的有关可持续发展的行动选项。这些选项总体上包括目标制定、组织安排、技术路径、环境外交、管理评价五个方面。在目标制定上,将根据各类行为体对全球环境事务的普遍诉求来设计;在组织安排上,将贯彻全球环境事务所展现的生态理性、生态主义或最起码的"环境友好"原则,构建一种环境友好的可持续发展管理体系;在技术路径上,将采用全球环境事务所趋向的生态现代化路线,谋求中国科技、经济、社会、政治的生态转型;在可持续发展外交上,将着重说明促进或保障中国国际生态竞争力的相应策略;在管理评价上,可能要基于全球环境事务的系统思路和中国特殊国情,制定中国可持续发展评价体系。

第三节 结构安排

本文共包括 4 大部分内容,即导论、上篇、下篇、结论。

起始部分为导论,旨在提出本文研究的问题、意义,提出本文的研究视角、理论假设及研究方法。

然后是上篇,包括 5 章内容,主要是描述和分析全球环境事务的演变机理。第一章旨在确定全球环境话语概念及其变迁历程。第二章旨在确定联合国全球环境治理机制概念及其变迁历程。第三章则确定和分析全球环境话语与联合国全球环境治理机制间的相互作用关系。第四章试图以具体个案说明这种相互作用关系。第五章则希望说明当前全球环境事务中所存在的若干问题,并做适当展望。

再次是下篇,共包括6 章内容,主要是探讨中国从全球环境事务中可资借鉴的有益思路和经验。其中,第六章首先说明中国对当前全球环境事务的总体反应,以及从中所能得到的某种启发。第七章则基于全球环境事务的演变机理重点分析中国可持续发展所应确定的基本目标。第八章说明了中国可持续发展所应采取的组织模式。第九章说明了中国可持续发展所应采取的技术路径。第十章初步提供了有关增进或保障中国国际生态竞争力的可持续发展外交策略。第十一章则试图提供一种中国可持续发展的评价体系与指数模型。

最后为结论部分,主要是在上下两篇描述和分析的基础上做适当的总结与进一步思考。

上篇
全球环境事务

第一章　全球环境话语

第二章　联合国全球环境治理机制

第三章　全球环境话语与联合国全球环境治理机制相互关系

第四章　个案研究：联合国气候变化议程

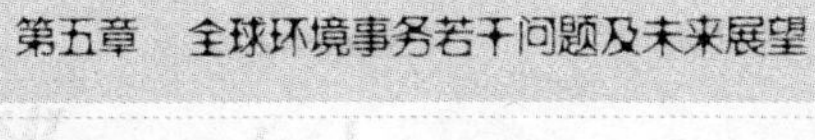

第五章　全球环境事务若干问题及未来展望

全球环境事务包括两个方面，即全球环境话语与联合国全球环境治理机制，笔者将描述两者的概念与变迁历程，并在此基础上对两者间的相互作用关系进行判断与解析。通过这种描述、判断和解析过程，我们就可大致了解全球环境事务的演变机理，并能够在一定程度上对当前全球环境事务的若干问题及其未来景象做某种展望。

第一章

全球环境话语

本章试图对全球环境话语的基本概念进行界定，以使我们能够了解全球环境话语到底是什么。当然，由于30多年来我们所经历的时代背景不同，有关全环境话语的深入了解可能要更多地基于对它在不同时代背景下变迁历程的认知。

第一节　概念界定

一、全球环境话语的概念内涵

全球环境话语主要是指国际社会对如何认知和应对关涉人类与自然关系进而人类社会内部关系的全球环境问题或其相应事务所建构起来的主流信念、核心价值、共识或通则，以及国际社会为促成它们所经历的沟通讨论过程。① 简言之，就是国际社会对全球环

---

① 关于全球环境话语，学界并没有作过统一的界定，此处的概念主要是基于美国学者瑞拉里诺·玛拉拜德(Rizalino Noble. Malabed)以及澳大利亚学者约翰·德赖泽克教授(John S. Dryzek)对环境话语的定义，其定义包括两个层面，一是有关人类与自然关系的主流信念、意识形态、价值的沟通进程，二是沟通过程所达成的共识或通则。笔者可能将重点放在了话语的主流信念、价值或共识层面，以使其与一般行为有所区别。See Rizalino Noble. Malabed, *Global Civil Society and the Environmental Discourse: The Influence of Global NGOs and Environmental Discourse Perspectives in the UNCED's Declaration of Principles and Agenda* 21(Washington: UNU, 2000), P. 8; John S. Dryzek, *The Politics of the Earth: Environmental Discourses*, 2nd edition (New York: Oxford University Press, 2005), P. 8 ~ 13.

境问题能够说些什么。其内涵可从以下几个方面来理解:

首先,全球环境话语是国际社会看待环境问题或事务的一种共有方式。不论这种话语是由谁先行提出的,在什么场合提出的,或者说不同的国际关系行为体仍可能有自己的保留意见,它也总是能够在较长时期内通过各种途径内化到不同行为体对环境问题的认知方式当中,并把自己的价值内核稳定地留存下去。

其次,全球环境话语所关注的环境问题的核心内容是全球环境问题。由于全球环境物质是一个相互联结的系统,某些环境物质在特定背景下所引发的环境危害的全球性尤为突出,甚至关涉整个人类社会的利益。因此,在优先顺序安排上,全球环境话语所关注的核心内容是与地方环境问题密切相关、但又与其有着较大的广度和深度差别的全球影响比较突出的环境问题。

最后,全球环境话语的发生范畴是国际公共领域,严格地说是全球事务领域。尽管各民族国家仍旧是当今国际关系领域的主要行为体,尽管北方与南方、富国与穷国或者说第一世界与第三世界所处的历史境域①不同,但全球环境问题没有国界,任何国家都不可能置身其外,他们对全球环境问题的严重性都有共同的感受和共同的关切。因此,全球环境话语才能在实践层面上作为全球市民社会、环境政治与国际公共领域的蓝图而发挥作用。②

---

① 历史境域主要是说,不同的地域可能处于不同的发展阶段,有不同的历史特征,处于不同时空的地域因传统资源的延承或问题的积累而面临的综合境况就不同,须要解决的任务、达成的目标就可能不同,因此而采取的方式方法、所走的发展道路也会有所差异。这里则主要强调行为体是处于发达国家行列还是发展中国家行列,不同的行列位置实际上就意味着不同的利益和需求。

② Rizalino Noble. Malabed, *Global Civil Society and the Environmental Discourse: The Influence of Global NGOs and Environmental Discourse Perspectives in the UNCED's Declaration of Principles and Agenda* 21, P. 4.

二、全球环境话语的属性特征

全球环境话语的属性特征主要包括指向实在性、附着性、思维与实践的双重性、可变性等等，但这些特征之间并非孤立而是相互联结的。

首先是指向实在性：全球环境话语虽然不易观察，但它与容易观察的事务（物）一样，是确实存在的而非虚无的。它总是指向自己意欲解释的实在问题和事务（物），并因之建构起自己独特的核心内容。不过全球环境话语作为一种价值信念或最终的共识与通则，在本体上主要是意识层面的东西，它就必然具有下一个特征“附着性”。

其次是附着性：虽然不能将全球环境话语无限还原为社会中的单个行为体，但它仍旧是附着于既有理性思维又有感性情愫的行为体的，是行为体在特有的感性情愫驱动下对环境问题进行理性思维的产物；它往往通过行为体之间的沟通进程而显明，并凝结于特定的文本之中；它因此能够为不同的行为体所共有。

再次是思维与实践的宏观—微观双重性：也就是说，全球环境话语在思维内容上总会指向全球性的环境问题或事务，它与宏观的人类整体价值或利益密切相关。但在话语的实践上，人类社会往往缺少一种整体的同步实践能力或可行性，它一般是通过微观的行为体个体实践来实现的，在实践上将会呈现出多元化或多样化的倾向，而联合国也只能说是其中具有主导性的协调机制而已，不同的国家或其他行为体仍有自己相应的自由空间。

最后是可变性：一方面，不同的全球环境话语体系在解释力上会有所不同，它们在实践当中能够呈现出不同的特征；另一方面，在不同的历史境域下，不同的行为体可能会对同一种话语体系的具体内容产生不同的理解，尽管其核心思想或价值可以保持稳衡。因

此,对不同的行为体而言,全球环境话语的接受程度或敏感点是可以变化的;随着历史境域的变化,全球环境话语之间也会出现相应的演进、替代现象。

第二节 全球环境话语的变迁历程

自20世纪60年代以来,全球环境话语的变迁历程大体上可被分作生存主义、可持续发展、生态现代化3个阶段。下面将以形成背景、焦点问题、核心观念、基底情愫为基线,依序对3种话语在不同历史阶段的基本状况进行扼要的描述。①

一、生存主义:20世纪60年代—70年代

虽然早在20世纪三四十年代,欧美工业化国家就发生了一系列由工业烟雾所导致的重大环境公害事件,②美国伦理学家奥尔多·利奥波德(Aldo Leopold)也于1949年出版的环保思想著作《沙乡年鉴》中提醒人们对自然的征服终将祸及自身,事情只有在它有助于保持生物共同体的和谐稳定和美丽时才是正确的;③但人们的

---

① 此处关于全球环境话语的阶段划分及其相应内容,主要是参照了约翰·德赖泽克教授和国内学者郇庆治教授有关环境话语或环境政治思考范式的分析和研究。但本文可能在分析或描述的维度上有所不同,此处的分析或描述基线试图能够依次说明以下问题:话语是在什么背景下形成和确立的,针对什么样的问题,到底想说或说了些什么,表达了一种什么样的情绪或态度。同时,绿色激进主义由于其过多的激进色彩而很难被纳入主流话语之内。可参见郇庆治:《环境政治国际比较》,山东大学出版社2007年版,第35~54页;John S. Dryzek, The Politics of the Earth: Environmental Discourses.

② 比如1932年比利时马斯河谷烟雾事件、1943年洛杉矶光化学烟雾事件、1948年宾夕法尼亚多诺拉烟雾事件等。

③ 参见〔美〕奥尔多·利奥波德:《沙乡年鉴》,侯文蕙译,吉林人民出版社1997年版。

环境意识并未因此普遍觉醒。从战后50年代开始,欧美资本主义国家又进入了一个经济高速发展的“黄金时期”。但工业与社会发展对资源的高消耗和污染物的高排放也使得环境危害急剧加深,1952年伦敦烟雾事件的发生,尤其是60年代在西欧的英国与法国、然后是中欧的德国和波兰以及北欧的挪威和瑞典、再到东欧甚至整个欧洲地区的酸雨污染的弥漫,以及北美东部地区酸雨污染的扩散,使欧美国家共同面临着一场严重的环境危机,开始引发欧美各国科学界、政府、社会公众对环境危害问题的思考与探讨。[①] 1962年,美国海洋生物学家蕾切尔·卡逊在就杀虫剂DDT的使用对环境造成的危害问题经过4年时间的调查后,出版了《寂静的春天》一书,认为杀虫剂和肥料等化学制品的使用不仅破坏了整个生态系统,也对公众生命造成了损害,甚至会使人类毁于自身所创造的科技成就当中。该书的出版不仅在美国政界与企业界引发了广泛争论,也在美国乃至欧洲国家的社会公众当中造成了强烈反响,推动了欧美公众环境危机意识的普遍觉醒和环境运动的兴起,意味着生存主义话语的形成。[②] 有关环境方面的著述或报告也在六七十年代尤其是70年代初期大量涌现出来。其中较为突出的是1968年加勒特·哈丁《公地的悲剧》,1971年巴里·康芒纳《封闭的循环》,1972年罗马俱乐部的研究报告《增长的极限》、芭芭拉·沃德与勒内·杜博斯的《只有一个地球》、爱德华·戈德史密斯《生存的蓝图》等等。

---

① Courtney Riordan, “Acid deposition: A case study of scientific uncertainty and international decision making”, in Polish Academy of Sciences and National Academy of Sciences (eds.), *Ecological Risks: Perspectives from Poland and the United States* (The National Academies Press, 1990), P. 342; Miranda A. Schreurs, “The politics of acid rain in Europe”, in Gerald R. Visgilio, Diana M. Whitelaw (eds.), *Acid in the Environment* (Springer US, 2007), P. 119 ~ 149.

② See Rachel Carson, *Silent Spring*, *Anniversary Edition* (Boston: Houghton Mifflin Company, 2002).

另一方面,由于欧佩克(OPEC)石油禁运,欧美国家于1973年爆发了一场严重的能源危机,尽管该危机到1980年已经逐步结束,但欧美国家经济却遭受了较大的波动,在公众心理上造成巨大的恐慌。随着能源危机的结束,公众的注意力又逐渐转向了具有巨大污染风险的核能开发与利用问题。①

生存主义要集中探讨的问题是:地球的资源和承载能力是否有限?人口与经济的增长是否也有限?现有的资源使用和工业生产模式是否危害环境并因而危及人类的生存?它们是否应受到约束?所有问题的焦点都指向了"限制"一词,包括各种业已遭受的限制和可能要施加的限制。

生存主义对"限制"问题的回答是肯定的。1968年美国生态学家加勒特·哈丁发表《公地的悲剧》一文,尽管其目的是从公共草场的过度放牧切入以讨论产权问题,但它所引发的思考或象征的意义却在于使人明确:对有限的公共稀缺资源的无限制使用将危及社会整体的生存。② 爱德华·戈德史密斯等人在《生存的蓝图》中提出,"如果让现在的趋势发展下去,总有一天,我们这个星球上人类生存的基础必将崩溃,也许就在本世纪内,至少,在我们子女的一生之内是不可避免的。"③1972年3月罗马俱乐部的丹尼斯·米都斯(Dennis l. Meadows)等4位科学家在共同发表的研究报告《增长的极限》中更加明确地提出,整个世界的人口和经济的增长已经达到极限,并会引发大规模的环境恶化和生态失调;地球的资源和承载能力是有限的,世界的人口和资本若以现在的增长模式发展下去,终将使

① See Otis L. Graham Jr.(ed.),*Environmental Politics and Policy*,1960*s* ~ 1990*s* (University Park,Pennsylvania:The Pennsylvania University Press,2000),P.7 ~9.

② See Garrett Hardin,"The tragedy of the commons",*Science* 162 (1968),P.1243 ~1248.

③ 〔英〕E. 戈德史密斯编著:《生存的蓝图》,程福祜译,中国环境科学出版社1987年版,序言部分。

地球在未来100年内达到极限,世界将面临一场灾难性的崩溃。因此,应采取"零增长"对策也即限制增长,让人口、经济和社会发展维持在70年代初的水平并使之均衡运动,以保证人类的生存环境——地球生态不再恶化。[①] 该书因其对人类生存问题的深切忧思而使生存主义话语达至顶峰。

生存主义的核心观念是:经济增长和人口扩张将不可避免地遭受全球环境的限制,为了人类的生存,我们需要学习更多的知识以了解人类所遭受或可能遭受的这种限制,在环境与增长之间做出明智的取舍,更要通过建构某种有形或无形的统一管理体制给现有的人类社会施加一定的约束;否则,问题将无法解决。诚如芭芭拉·沃德与勒内·杜博斯在《只有一个地球》中所反问的,"我们难道不明白,只有这样,人类自身才能继续生存下去吗?"[②]

总体而言,面对"限制"问题,不仅生存主义自己满含紧张,而且它也使社会充满了危机感、紧迫感,甚至流露并渲染着一种社会即将停滞末日即将来临的悲观情绪,驱使政界、科学界以及社会公众不仅从国内角度而且从国际层面,去思考、讨论如何以政策、法律乃至激进的环境保护运动等形式来应对环境危机所引发的各种问题。

二、可持续发展:20世纪80年代—90年代初期

在20世纪80年代,世界上多数国家的经济发展较为低迷。欧美国家经济出现衰退现象,非洲、西亚、拉丁美洲以及加勒比海地区的发展中国家在经济方面几乎没有什么增长,[③]撒哈拉以南非洲地

---

① See Eduard Pestel, "Abstract for 'The limits to growth'", available at http://www.clubofrome.org/docs/limits.rtf, accessed on 24 April 2007.

② 〔美〕芭芭拉·沃德,勒内·杜博斯:《只有一个地球——对一个小小行星的关怀和维护》,《国外公害丛书》编委会译校,吉林人民出版社1997年版,第260页。

③ See UNCHS, *An Urbanizing World: Global Report on Human Settlements* 1996 (New York: Oxford University Press, 1996).

区的人均收入年均下降 1.2 个百分点,[①]广大发展中国家债务负担沉重,并导致大面积的社会贫困。而另一方面,不断发生的环境灾害事件所造成的生态破坏甚至毁灭性风险又给世界经济与社会发展蒙上了阴影。[②]

因此,在生存主义业已提出的"限制"背景以及经济与社会发展所遭受的环境危机和经济低迷、社会贫困的多重阴影下,不论是政界还是社会公众,其困惑的焦点开始向着如何对待和解决环境保护与经济增长乃至其他人类社会问题的关系上集中。也即,如何看待环境、经济、人类社会之间的关系,环境保护、经济增长、社会发展是一致的还是相背的?为了环境应当停止增长还是继续增长,若停止增长社会又如何得以发展?这种发展可以持续下去吗?生存主义已经做出了果断的取舍,它要求为维系人类的生存环境舍弃经济增长,也即实现罗马俱乐部米都斯等人所谓的"零增长"。

而 1980 年世界自然保护联盟(IUCN)、联合国环境规划署(UNEP)、世界自然基金会(WWF)等组织则在其联合出版的《世界自然保护战略》中提出了一种"可持续发展"概念,认为人类可以通过对生物圈的管理,使生物圈既能满足当代人的最大持续利益,又能保持其满足后代人需要与欲望的潜力。[③] 1983 年,第 38 届联合国大会决定成立以挪威首相布伦特兰夫人(Gro Harlem Brundtland)为主席

---

① UN, *We the Peoples: The Role of the United Nations in the 21st Century* (New York: United Nations, 2000), P. 30.

② 1984 年,印度博帕尔的一家化学工厂所发生的泄漏事故导致 3000 多人死亡和 20000 人受伤;同年埃塞俄比亚饥荒导致 100 多万人被饿死;1986 年,前苏联乌克兰共和国切尔诺贝利核电站爆炸,对东欧乃至其他欧洲地区造成了可怕且难以祛除的污染危害;1991 年海湾战争造成数百万桶石油被烧或倾倒,数万海洋鸟类死亡。See UNEP, *Global Environmental Outlook* 3, P. 9 ~ 14.

③ See IUCN, UNEP, WWF, FAO, UNESCO (eds.), *The World Conservation Strategy* (Gland: IUCN, 1980).

的世界环境与发展委员会(WCED),就如何看待环境与发展等问题的关系进行专门调查与研究。1987年,WCED在向第42届联合国大会提交的研究报告《我们共同的未来》中认为,经济与生态问题并不一定是对立的,需要在决策中将经济和生态考虑结合起来;人类有能力使发展持续下去,并明确提出了"可持续发展"观点及其战略目标。[①] 她把可持续发展定义为"既能满足当代人的需要,又不对后代人满足其自身需要的能力构成危害的发展"[②]。1991年,IUCN、UNEP、WWF又在他们联合发表的《保护地球——可持续生存战略》报告中将可持续发展定义为"在不超出支持它的生态系统的承载能力的情况下改善人类的生活质量"[③]。尽管在不同境况下人们对可持续发展可能有不同的定义,[④]但WCED的定义仍然受到广泛的认可,因此,WCED"可持续发展概念"的提出标志着可持续发展话语的真正确立。在1992年里约热内卢联合国环境与发展大会(UNCED)也即第一届地球峰会上,有关可持续发展的问题得到与会代表的广泛讨论,会议所通过的环境宣言也将有关可持续发展的原则或精神纳入其中,会议还专门通过《21世纪议程》以为全球可持续发展事业做出规划,使可持续发展话语达至顶峰。

可持续发展话语的核心观念在于:制约不是绝对的,人类可以通过对技术和社会组织进行有效的管理和改善来改变它。[⑤] 经济、

---

① 世界环境与发展委员会:《我们共同的未来》,王之佳,柯金良等译,吉林人民出版社1997年版,第10页、第77页、第80页。

② 世界环境与发展委员会:《我们共同的未来》,王之佳,柯金良等译,吉林人民出版社1997年版,第52页。

③ See David A. Munro - IUCN, UNEP, WWF, *Caring for the Earth: A Strategy for Sustainable Living* (Gland: Published in partnership by IUCN, UNEP and WWF, 1991).

④ See John S. Dryzek, *The Politics of the Earth: Environmental Discourses*, P. 143 ~ 161.

⑤ 世界环境与发展委员会:《我们共同的未来》,第10页。

环境与社会乃至科技之间是相互协调和统一的,经济增长、环境保护、社会公正都是长期可持续的,它们可以共同取得进展,达到一种“正和”的结果。[①] 而且可持续发展是一个全球目标,人类应当以一种整体联结的思维和集体的共同努力一起走向可持续发展。诚如WCED 在其报告中所说的那样,“不仅地球只有一个,而且世界也只有一个”[②]。

尽管 WCED 在其报告中对“限制”问题的阐述仍有些模糊,[③]但总体来看,“限制”问题在可持续发展话语中得到了较大程度的缓和甚或突破,与生存主义对它的紧迫感、危机感相比,可持续发展话语所表露出的是一种谨慎乐观、让人安心的态度或情绪,它认为人类应该仍然可以取得发展或进步,而且这种发展或进步将会持续下去。在可持续发展话语愈发广泛和深入的探讨中,人们开始逐步走出生存主义所引发的悲观氛围。

三、生态现代化:20 世纪 90 年代中期至今

不论是作为一种理论,还是一种实践,生态现代化实际上自20 世纪 80 年代初期就已经在北欧、中欧、西欧的几个国家出现了。[④] 德国的马丁 · 杰内克(Martin Jänicke)与约瑟夫 · 胡伯(Joseph Huber)、荷兰的马藤 · 哈杰尔(Maarten A. Hajer)与亚瑟 · 摩尔(Arthur P. J. Mol)等学者相继提出,可以把生态现代化理论作为解决环境难题的替代性思路,将重点从环境问题的政策法律监管与事后处理转向环境问题的预防和通过市场手段克

---

① John S. Dryzek, *The Politics of the Earth: Environmental Discourses*, P. 167.

② 世界环境与发展委员会:《我们共同的未来》,第 49 页。

③ John S. Dryzek, *The Politics of the Earth: Environmental Discourses*, P. 155.

④ See Marrten A. Hajer, *The Politics of Environmental Discourse: Ecological Modernization and the Policy Process* (NewYork: Oxford Univevsity Press, 1995), P. 8 ~ 41. *And see John S. Dryzek*, *The Politics of the Earth: Environmental Discourses*, P. 167.

服环境问题。[①] 但它成为一种全球性的主流话语，却是自20世纪90年代中期开始的。

自WCED提出可持续发展概念之后，尽管人们对可持续发展的探讨愈发地广泛和深入，但在政策实践或社会行动上，由于所处的境况不同，人们对可持续发展产生了一系列疑问：可持续发展到底意味着什么，什么应当是可持续的，为谁而持续，以什么样的方法持续？[②] 诸如此类。从某种程度上说，人们对可持续发展的关切仍然处于一种价值追求或者说远景追求的层面上。

而另一方面，随着20世纪90年代初前苏联以及东欧社会主义国家相继解体及其资本主义制度的恢复，两极对峙的世界格局终于结束，资本主义的经济全球化进程加速到来，跨国公司或工商业组织在国际政治与经济体系中的重要性日益突出。市场自由主义对世界的支配能力逐渐增强，资本的流动性、经济的竞争力成为各国政界、工商业界共同追求的目标。与此同时，全球层面上的环境危害充分显露出来，国际社会对环境问题"全球性"特征的认识逐渐明晰。

当对可持续发展的追求遭遇经济全球化的浪潮时，人们所关注的问题开始转向对经济与资本的追逐是否与对可持续发展的追求相融这一焦点上，或者说，人们普遍关注的是，在经济全球化的浪潮中还能否追求和实现可持续发展？

生态现代化理论从可持续发展有关经济、社会、环境相协调统一的视角认为，真正可持续的经济增长与可持续的社会福利和环境保护是一致的，可持续的经济增长应该是促进或保证社会可持续以及环境可持续的前提；反过来说，严格的环境标准或生态可持续原则也将真正促进或有益于经济的可持续发展并提升经济竞争力。[③]

---

① 参见郇庆治：《环境政治国际比较》，第42~43页。

② John S. Dryzek, *The Politics of the Earth: Environmental Discourses*, P. 146.

③ 参见郇庆治：《环境政治国际比较》，第45~46页。

所以,经济增长与环境保护并不矛盾,人们可以在经济增长与环境保护两方面实现共赢,"正和"的结果以及对可持续发展的追求仍然是可以期待的。[①] 更重要的是,生态现代化认为,环境退化是个结构问题,它只能通过专注于如何组织经济得到解决,而不是寻求一种完全不同的制度来取替现有的政治经济体制。[②] 通过经济重组、可靠的技术革新、工商组织的积极参与,平衡考虑政府与市场的作用,[③]生态现代化是可以实现的。

因此,在经济全球化的背景下,生态现代化理论对人们的疑问做出了较为合理的解答,加之它在欧洲发达国家的成功实践,得以从90年代中期开始逐步成为国际关注和仿效的热点。其标志之一即1995年于日内瓦正式成立的世界可持续发展工商理事会(WBCSD),它一方面试图通过理论探讨和示范项目引导工商企业走向可持续发展;另一方面试图使企业在通过高水平的资源和环境管理不断提高经济效益的同时,进一步获得生态效应和社会效益,并使之成为一种社会潮流,使坚持走可持续发展之路的企业得到社会的广泛认可和经济回报。[④] 尤其是在2002年约翰内斯堡可持续发展世界首脑大会(WSSD)也即第二届地球峰会上,生态现代化的许多理念被纳入到大会所通过的宣言及有关可持续发展的具体执行

---

① 荷兰学者马藤·哈杰尔在界定生态现代化的"可靠和有吸引力的剧情"时即认为,环境管制本身是作为一种正和游戏出现的;污染即意味着无效率;自然的平衡应当受到尊重;预先防备胜于事后治理;并且可持续发展是对以前污染式增长道路的一种替代。See Marrten A. Hajer, *The Politics of Environmental Discourse: Ecological Modernization and the Policy Process* (New York: Oxford University Press, 1995), P. 65.

② Ibid., P. 25.

③ See Arthur P. J. Mol and David A. Sonnenfeld, "Ecological modernization around the world: An introduction", *Environmental Politics* 9/1 (Spring 2000), P. 3 ~ 16.

④ See WBCSD, "About WBCSD", available at http://www.wbcsd.ch/templates/TemplateWBCSD5/layout.asp? type = p&MenuId = NjA&doOpen = 1&ClickMenu = LeftMenu, accessed on 11 May 2007.

计划当中。[1]

尽管与可持续发展话语的内容有些相似，但从根本上说，生态现代化的核心观念在于沿着更加有益于环境的路线改组资本主义的政治经济，或者说是对资本主义的生态调整。[2] 扩展开来，也就"对人类当代社会面临的生态挑战做了另外一种解释，认为市场经济压力刺激和有能力国家推动下的更新可以在促进经济繁荣的同时减少环境破坏，而不必对现行的经济社会活动方式和组织结构做大规模或深层次的重建"[3]。

与可持续发展的远景追求相比，生态现代化更注重于政策实践和实际行动，[4]是对可持续发展目标与追求在新时代背景下的操作尝试。因此，它可能会从更加实际的意义上使人确信，发展将会继续，社会仍将进步；一种自信的情愫和影像重新在社会中变得清晰起来。

四、话语演进

在以上 3 种话语之间，尽管一种话语的出现并不意味着对另一

---

① See WSSD, "Johannesburg declaration on sustainable development", available at http://www.johannesburgsummit.org/html/documents/summit_docs/1009wssd_pol_declaration.htm, accessed on 28 December 2006; WSSD, "Plan of implementation of the World Summit on Sustainable Development", available at http://www.un.org/esa/sustdev/documents/WSSD_POI_PD/English/WSSD_PlanImpl.pdf, accessed on 23 September 2006. "执行计划"对生态取向下的技术手段、工商界参与、伙伴合作做了较为细致的说明，生态问题的解决已经与绿色经济和绿色科技紧密地结合起来。

② See John S. Dryzek, *The Politics of the Earth: Environmental Discourses*, P. 167 ~ 177.

③ 郇庆治：《环境政治国际比较》，第 48 页。与可持续发展一样，在不同境况下，人们对生态现代化理论的相关概念仍会有不同的理解。但作为一种实践方式或手段，它并不是仅仅适用于资本主义，并没有太多的意识形态色彩。

④ See John S. Dryzek, *The Politics of the Earth: Environmental Discourses*, P. 169. Also see Peter Christoff, "Ecological modernisation, ecological modernities", *Environmental Politics* 5/3 (Autumn 1996), P. 476 ~ 500.

种话语的完全替代,或者说当一种新话语出现时已有的话语并非自然寂灭。但占据主流支配地位的话语却总是某一种更有生命力的话语而非所有话语。① 20 世纪六七十年代占据主流位置的话语自然是生存主义,80 年代到 90 年代初占据主流位置的话语明显是可持续发展;90 年代中期以来,尽管可持续发展的追求未变,但其执行或实践使命实质上已明确交付给了生态现代化。因此,从这种主流位置更替变迁的历史角度而言,我们可以从以上 3 种话语的变迁历程中明显地看出一种渐进或演进的迹象(见表 1-1)。

表 1-1 全球环境话语变迁历程

	生存主义 20 世纪 60 年代 ~70 年代	可持续发展 20 世纪 80 年代 ~90 年代初期	生态现代化 20 世纪 90 年代中期 至今
形成背景	国际环境危机、能源危机	国际环境危机、经济低迷	全球性环境危害、经济全球化
焦点问题	是否存在限制	环境保护、经济增长、社会发展是否一致,发展能否持续	对经济与资本的追逐是否与对可持续发展的追求相融
核心观念	经济增长和人口扩张将遭受全球环境限制,要在环境与增长之间做出取舍,通过统一管理体制给人类社会施加约束	制约不是绝对的,人类可以通过对技术与社会组织进行有效的管理和改善来改变它;经济、环境与社会相互协调,经济增长、环境保护、社会公正可长期持续,人类应以整体思维推动它们共同取得进展	经济增长与环境保护并不矛盾,可以沿着更加有益于环境的路线重构资本主义政治经济
基底情愫	危机感、紧迫感、悲观	谨慎乐观、让人安心	现实、自信

① 当某种话语占据主流位置时,其他话语则往往融入到更为宏大的背景或在相对较远的距离上潜伏下来,它们有可能在某种特定情境中再次突显。

小 结

全球环境话语表达了人们对全球环境问题或事务的主流观点与价值通则,它在不同时代背景下具有不同的核心内容。自20世纪60年代以来,全球环境话语经历了一种从生存主义到可持续发展再到生态现代化的演进过程。尽管这种演进并不意味着先前话语的消逝,但相较而言,新兴话语对全球环境事务具有更大的解释力和影响力,因而更有可能受到人们欢迎。

第二章

联合国全球环境治理机制

本章试图对联合国全球环境治理机制进行界定,包括其概念内涵与外延特征。同时,由于联合国全球环境治理机制也在30多年的时间里不断变迁,我们对它的深入了解还必须建立于详细认知其变迁历程的基础上。

第一节 概念界定

一、联合国全球环境治理机制的概念内涵

关于其概念,学界目前尚无明确一致的界定。但根据联合国环境规划署官方文件所表明的环境治理趋向,①以及学者们关于国际机制等概念的定义,②可以认为,所谓联合国全球环境治理机制,是

① 该文件认为全球环境治理是经由一系列的组织、条约或协议所组成的复杂网络来运转的。UNEP, *Linkages Among and Support to Environmental and Environmentrelated Conventions*, UNEP/GC. 22/INF/14, 12 November 2002, P. 2.

② 斯蒂芬·克拉斯纳认为,国际机制是在特定的国际关系领域由行为体的期望汇聚而成的一整套明示或默示的原则、规范、规则和决策程序。罗伯特·基欧汉则认为国际组织总是隐含在国际机制之中,它们所做的主要事情就是监督、管理以及调整机制的运作。国内学者也曾对国际环境机制做过界定,王杰教授在其主编的《国际机制论》一书中把国际环境机制定义为,国际关系行为体为协调国际环境关系、稳定国际环境秩序进而保护全球环境与资源而共同制定的或认可的一整套明示或默示的原则、规范、规则和决策程序等。李少军研究员在《当代全球问题》(转下页)

指国际社会在解决日益严峻的全球环境危机过程中以联合国为中心构建起来的、由条约、协议、组织等形式所联结成的复杂网络,其本体是一系列以联合国为中心协调和处理全球环境问题或其相应事务的制度化的原则、程序和组织机构。简言之,就是国际社会对全球环境问题能够做些什么、怎样做。它所涵纳的内容主要包括以下几个层面:

1. 环境治理原则

它主要是指明包括联合国系统在内的国际社会行为体在全球环境治理过程中应该做什么不应该做什么的问题。它既包括行为体在环境行动中应当秉持的价值取向与前景信念,也包括他们有关环境治理方面的权利和义务。因此,环境治理原则将会从总体上为联合国全球环境治理机制规定行动目标与方向。

2. 环境治理程序

在环境治理原则规定行动目标与方向的前提下,具体程序将向行为体指明怎样做的问题。一方面,它要说明行为体参与环境事务决策时可以采取的基本方式及其操作时序;另一方面,它还要解释行为体为解决环境行动组织问题所能选择的适当资源以及如何配置这些资源。因此,一种合理、有效的环境治理程序将为行为体践行环境治理原则提供充分保障。

(接上页)中认为,国际环境体制是对解决全球环境问题的合作中所形成的一系列组织化和制度化的东西的总称,应该包括国际组织与国际制度两个部分。此处有关联合国全球环境治理机制概念的界定,试图对以上概念或观点进行借鉴和整合。See Stephen D. Krasner (ed.), *International Regimes, reprint edition* (Peking: Peking University Press, 2005), P. 2; Robert O. Keohane, *International Institutions and State Power: Essays in International Relations Theory* (Boulder: Westview Press, 1989), P. 5. 王杰主编:《国际机制论》,新华出版社 2002 年版,第 337 页;李少军主编:《当代全球问题》,浙江人民出版社 2006 年版,第 95 页。

3. 环境治理机构

它主要是指明环境治理应当由谁做的问题。因为环境治理原则与程序不可能自动履行义务、实现目标,它必须经由适当的行动载体或者说行为体才得以进行。对联合国环境治理机构而言,它不仅要充当具体的环境治理行动的执行者,更重要的是,在环境问题日益全球化以及国际社会回应性不断增强的特定背景下,它还必须承担起全球环境治理事务的发起人与协调者的角色。①

二、联合国全球环境治理机制的属性特征

这些特征主要体现在治理密度、原则深度、框架设置、模式选择4个方面:

其一,治理密度。治理密度主要说明两方面情况,一是从主体上说明参与联合国所发起或主导的全球环境保护与治理行动的行为体所结成网络的稠密程度;二是从治理对象上指明全球环境条约、协议所覆盖的环境问题范围的大小。与环境问题国际化、全球化以及人类社会反应能力的不同程度相适应,参与全球环境行动的行为体网络会在节点类型与数量上不断变化,环境条约或协议所覆盖的环境问题范围也相应呈现出某种大小之别。

其二,原则深度。原则深度主要是指明国际社会思考环境议

---

① 需要对该机制的组织机构问题加以说明的是,由于环境问题的复杂性,与环境有关的部门可能会有很多,比如联合国环境规划署(UNEP)、联合国教科文组织(UNESCO)、联合国人类住区委员会(UNCHS)、联合国粮农组织(FAO)、世界气象组织(WMO)、能源和自然资源促进发展委员会(CENRD)、联合国经社理事会(ECOS-OC)等等,这些机构在内外运作上可能会有所区别,且这种状况仍处于一种动态的变化之中。鉴于本文上篇的主要目的在于通过探讨全球环境话语与联合国全球环境治理机制的相互关系来说全球环境事务的演变机理,因此对环境机制相关机构的阐述可能不会详尽,而是从总体上选择其中对全球环境事务具有主导或统筹作用者加以描述。

题的深浅程度。这些原则不仅包含在1972年以来历次联合国环境大会所通过的大量条约、协议和行动计划当中，更以直接的原则文本形式展现于公众面前。1972年联合国人类环境大会(UNCHE)通过了26条原则，1992年联合国环境与发展大会(UNCED)通过了27条原则。这些原则凝结了国际社会对环境议题的现状与将来进行思考、对环境议题的历史进行反思的成果。在不同历史背景下，由于国际社会对全球环境问题的认知能力不同，联合国全球环境治理机制所贯彻的基本原则就会在深浅程度上呈现出一定的差异。

其三，框架设置。框架设置主要指联合国全球环境治理机制当中环境治理机构的设置和操作状况。由于环境问题的全球化趋势已经非常明确地显示出任何国家都无法置身于全球环境灾害之外，因此，环境问题的解决需要依靠国际社会集体努力实施联合行动。但联合行动的成效有无与大小则依赖于合作框架的运作效果如何。联合国全球环境治理机制作为目前处理全球环境问题、指导全球环境合作事务的唯一合法机制，其机构设置及运作状况势必会影响到全球环境治理行动的成效。

其四，模式选择。模式选择主要是指联合国全球环境治理机制的目标优先倾向或次序安排。目标次序的安排不仅会直接影响环境治理原则的贯彻与践行，而且可能对该机制内的各种行动力量及其行为方式起到或大或小的激励和约束作用，从而进一步对环境机制变迁产生影响。①

---

① 联合国环境规划署在《全球环境展望－3》中提出了4种模式选择：市场优先、政策优先、安全优先、可持续优先。但实际选择会如何做出，可能会受到当时当地各种因素的影响，多种模式选择也可能交互并存。相关内容笔者将在下文中进一步述及。See UNEP, *Global Environmental Outlook* 3 (London: Earthscan Publications Ltd, 2002), P. xxvi.

第二节 联合国全球环境治理机制的变迁历程

联合国全球环境治理机制的正式确立以 1972 年在斯德哥尔摩召开的联合国人类环境大会(UNCHE)为标志。自那时起,该机制经历了应急与拯救,扩展、联结与深化,改进与强化 3 个阶段。下面将以时代背景、议题领域、机制运作(原则、机构、程序)、凝聚期望为基线对该机制 3 个阶段的历史状况进行扼要的描述。①

一、应急与拯救:20 世纪 70 年代

20 世纪 70 年代仍是两极相互对峙的时代,但环境危害并未因人为划定的政治或军事边界而停滞不前,它毫无阻碍地跨越了民族国家的界线。1968 年,北欧地区遭受酸雨危害最严重的国家之一瑞典就已将“人类环境项目”提交给联合国经社理事会审议,并提议召开一次联手应对环境危害问题的国际会议。② 1972 年,在时任瑞典首相帕尔梅(Sven Olof Joachim Palme)的邀请下,联合国在该国首都斯德哥尔摩召开了一次国际环境会议——联合国人类环境大会(UNCHE),来自北方发达世界与南方发展中世界 113 个国家的 1300 名代表第一次坐在一起对环境问题进行了共同讨论。这次会议通过了含有 26 条原则的《联合国人类环境宣言》、由各国代表提出的 109 条建议所构成的“行动计划”,并决定建立统一规划、组织和协调全球环境事务的联合国环境规划署(UNEP)。③ 这次大会提

---

① 该基线试图依次说明联合国全球环境治理机制是在什么情况下形成或运作的,处理哪些方面的问题,以什么样的原则、组织、程序来处理问题,内含着什么样的期望。

② General Assembly, *Problems of the Human Environment*, the General Assembly Resolution 2398 (XXIII), at the 1733rd Plenary Session, 3 December 1968.

③ UNEP, *Global Environmental Outlook* 3, P. 3 ~ 4.

出了“只有一个地球”的口号，发出了“拯救地球”的呼声，第一次使世界各国聚焦全球环境问题，促使它们注意人类活动对自然环境所造成的破坏以及给人类生存与发展所带来的威胁，标示着联合国全球环境治理机制的真正确立。

该机制确立后，其议题即首先瞄向了对野生生物、海洋环境等生物物理环境的保存或保护。在联合国或其专门机构的统一协调下，世界各国仅在野生生物保护方面所达成的多边环境协议就有4个之多，包括1971年《关于特别是作为水禽栖息地的国际重要湿地公约》、1973年《濒危野生动植物物种国际贸易公约》、1978年《国际植物新品种保护公约》、1979年《保护野生动物迁徙物种公约》；在海洋环境保护方面所达成的多边协议主要有1972年《防止倾倒废物及其他物质污染海洋公约》、1973年《国际防止船舶造成污染公约》、1973年《干预公海非油类物质污染议定书》等。①

在这一时期，联合国处理全球环境事务的主要原则是由联合国人类环境大会于1972年所通过的《联合国人类环境宣言》确定的。它强调保护和改善人类生存环境的紧迫性，认为必须对资源、野生生物进行保护，污染不能超出环境本身的净化能力，人类应当合理地利用科学技术对环境污染加以治理和改善。在对待环境与发展的关系上，它把人类利益置于所有事务的中心位置，把发展作为首要任务，认为环境政策不能损害发展。在环境行动上，它强调各民族国家政府在承担最大责任的同时要加强国际合作，并保证国际组织在保护和改善环境方面发挥协调作用。②

---

① UNEP, *Register of International Environmental Treaties and other Agreements in the Field of the Environment*, UNEP/Env. Law/2005/3, Nairobi, 30 December 2005.

② UNCHE, "Declaration of the United Nations Conference on the Human Environment", available at http://www.unep.org/Documents.multilingual/Default.asp?DocumentID=97&ArticleID=1503, accessed on 23 September 2006.

当时能够在全球层面上发挥这种协调作用的主要机构即联合国环境规划署(UNEP)。但在成立初期,其机构设置与职能却较为简单。根据1972年12月15日联合国大会2997(XXVII)号决议,主要是设立UNEP理事会、UNEP秘书处以及为UNEP环境行动提供财政资助的环境基金。作为最高决策机关,UNEP理事会由58个成员国组成,每4年轮换一次,负责全球环境状况评估、UNEP环境事务规划、环境事务预算;UNEP秘书处由一位同时兼任联合国副秘书长的执行主任领导,负责在联合国系统内协调环境事务并为国际环境行动与环境合作提供支持。① 因此,该时期的机制运作程序也主要是相对封闭的精英社团式的,也即,由成员国代表在理事会范围内乃至联合国大会上提出方案并讨论表决,市民社会与其他国际组织的参与相对较少。

总体来看,在20世纪70年代,联合国全球环境治理机制的主要任务是对当时国际社会所面临的环境危害建立起初步的应对措施,并期望能够拯救人类所赖以生存的自然环境,诚如参加联合国人类环境大会的埃及代表团主席穆斯塔法·托尔巴(Mostafa K. Tolba)所希望的那样,用道义的力量来鼓舞人类期望相互之间而且与环境之间和谐相处的心怀。②

二、扩展、联结与深化:20世纪80年代—90年代初期

正如前文所述,20世纪80年代的经济发展普遍低迷,尤其是发展中国家经济增长困难、债务负担沉重、社会贫困加剧,因而该年代被称为“失去的10年”。同时,人们所遭受的环境危机也并没有因20世纪70年代的拯救工作而减弱,甚至其危害之深才逐步显露出

---

① UNEP, *Organization Profile*, 2006, P. 9. And UNEP, *Global Environmental Outlook* 3, P. 4.

② UNEP, *Global Environmental Outlook* 3, P. 3.

来。1980年,《全球2000》报告第一次认定物种灭绝正威胁到生物多样性;1985年,英国的研究者则第一次报告了臭氧层空洞的大小。①

随着环境问题的扩展及其复杂性的加深,联合国全球环境治理机制的议题领域也在不断扩展。其主要议题包括了生物多样性保护、危险废物以及化学品处置、臭氧层保护与气候变化、土壤与水体保护、核风险防治等各个方面,联合国在这些领域组织和协调各国制定并签署了大量的环境法律或公约。② 不仅如此,联合国还试图在环境领域与经济、社会领域的复杂联结上取得新的进展。从1980年开始,联合国就开始探索环境、经济与社会发展的关系问题,并在1983年第38届联合国大会上决定成立世界环境与发展委员会,重点审查环境与发展的关系问题。③ 该委员会还组织国际环境法专家编写了《关于环境保护和可持续发展的法律原则建议》,并将其提交给联合国大会予以审议。④

在这一时期,联合国处理环境问题的主要原则可以从1992年里约热内卢联合国环境与发展大会(UNCED)所通过的《里约环境与发展宣言》、《21世纪议程》中得到归纳或反映。在对环境与发展问题的处理上,它强调环境保护应作为"发展进程的组成部分",并把环境、经济、社会统一纳入可持续发展目标之中;在对生态环境整体

---

① Ibid.,P. 8.

② UNEP, *Register of International Environmental Treaties and other Agreements in the Field of the Environment*, UNEP/Env. Law/2005/3. 其中较为重要的有1985年《保护臭氧层维也纳公约》、1987年《关于消耗臭氧层物质的蒙特利尔议定书》、1989年《国际贸易中对某些危险化学品和农药采用事先知情同意程序的鹿特丹公约》、1992年《生物多样性公约》、1992年《联合国气候变化框架公约》等。

③ 其有关内容笔者已在第一章阐述全球环境话语变迁历程的第二阶段"可持续发展"时作过简要描述。

④ 世界环境与发展委员会:《我们共同的未来》,第454页。

性、人与自然关系的认识上,强调"地球的整体性和相互依存性";在对治理与预防关系的思考上,它强调对环境问题的"预防"而不是技术性的修复和治理。在环境行动上,试图建立起全球伙伴关系,促进国际合作。①

在机构设置上,联合国环境规划署的建制得到了进一步的完善,该署相继设立了8个业务司局、6个地区办公室,其职能涵盖了全球环境事务规划、全球环境合作、全球环境状况评估与监测、环境政策、环境立法、环境技术开发、环境信息与环境教育等多个方面,并在环境行动方面试图综合经济发展与环境保护。② 更重要的是,1991年全球环境基金(GEF)初步成立并开始在1991~1994年间试运营,该基金由联合国环境规划署、世界银行(WB)、联合国开发计划署(UNDP)共同管理,其资助项目主要涉及生物多样性、气候变化、国际水域、臭氧层4个领域。③ 1992年联合国大会又决定成立可持续发展委员会(UNCSD),以推进联合国环境与发展大会所确立的有关可持续发展的目标、原则与战略。④ 在运作程序上,联合国全球环境机制开始注重多部门多层次联合以及市民社会的参与,所包纳的行为体也越来越多,所谓的"全球伙伴关系"的轮廓逐渐清晰起来。⑤

---

① UNCED, "Rio declaration on environment and development", available at http://www.unep.org/Documents/Default.Print.asp? DocumentID = 78&ArticleID = 1163, accessed on 26 November 2005; UNCED, "Age - nda 21", available at http://www.un.org/esa/sustdev/documents/agenda21/english/agenda21toc.htm, accessed on 26 November, 2005.

② UNEP, *Organization Profile*, P. 19 ~ 24.

③ GEF Council Meeting, *Gef Council: A Proposed Statement of Work*, GEF/C.1/2, 12 ~ 13 July 1994.

④ UNCSD, "About UNCSD", available at http://www.un.org/esa/sustdev/csd/aboutCsd.htm, accessed on 23 September 2006.

⑤ UNEP, *Global Environmental Outlook* 3, P. 11 ~ 14. And see UNCED, "Rio declaration on environment and development", "Agenda 21". Also see UNCSD, "About UNCSD".

因此，其程序很明显地表现出一种开放式的特色。

总体来看，这一时期的联合国全球环境治理机制试图以整体联结的思维与战略，在不同的部门、层次、领域之间进行扩展、联结，在治理原则方面不断深化，期望能够在原有基础上推进一步，从而开辟新的国际合作局面，使发展得以持续下去。诚如《里约环境与发展宣言》中所说的那样，“为了公平地满足今世后代在发展与环境方面的需要，求取发展的权利必须实现”①。

三、改进与强化：20世纪90年代中期至今

由于20世纪90年代初两极对峙世界格局的终结，以及生产、贸易、投资、科研、信息、交通等技术手段的飞速进步，不仅经济全球化进程得以加速，政治、文化层面的全球化倾向也突显出来，许多问题的全球联结特征已经得到充分展露。同时，参与国际政治的行为体的种类与数量也在不断增加，不论是包括政府间组织、非政府组织在内的各种国际组织、跨国公司还是政府、个人，其在国际政治中的活动能力和活动成效都在不断提高；而且新的组织或沟通形式比如各种网络、论坛等也已迅速形成并得以完善。因此从总体上说，步入20世纪90年代的联合国全球环境治理机制所面临的是一个全面且快速的全球化背景。

这一时期的联合国全球环境治理机制所要解决的主要议题有两个，一是如何加强可持续发展战略的执行；二是如何改进全球环境治理机制的运作。就前者而言，联合国试图通过在生产、消费、技术等各领域贯彻严格的环境标准来实现，并制定了含有具体目标、操作步骤、时间表的执行计划。② 就后者而言，随着全球环境事务的

---

① UNCED,“Rio declaration on environment and development”,principle 3.

② WSSD,“Plan of implementation of the World Summit on Sustainable Development”.

扩展及其复杂性的增强,国际社会在承认联合国及其环境规划署于全球环境事务中所承担的关键角色的基础上,要求改革、加强全球环境治理机制的运作,甚至在联合环境规划署之外重新建立有力的世界环境组织。①

联合国全球环境机制所贯彻的主要原则除了以前所确立的合理原则之外,在新背景下又得到了新的扩展与深化。表现为:注重公—私伙伴关系,强调私营部门的责任与作用;重视市场与现代技术对改善环境消除贫困的作用;要求全球伙伴精神指引下的广泛参与及联合行动;贯彻多边主义,建立更有实效、更加民主、更加负责的多边机构。②

在机构设置上,全球环境基金进入正式运作,受其资助的项目领域扩展到6个,增加了土地退化与持续性有机污染物两个领域。③

---

① 这些议题可以从联合国有关"里约+5"的会议资料、联合国秘书长在联合国千年大会上的报告、《联合国千年宣言》、UNEP《全球环境展望-3》以及有关国际环境机制的研究报告中体现出来。UN,"Special session of the General Assembly to review and appraise the implementation of Agenda 21",New York,23-27 June 1997. Available at http://www.un.org/esa/earthsummit/,accessed on 28 December 2006. And UN, *We the Peoples:The Role of the United Nations in the 21st Century*,2000; General Assembly,*United Nations Millennium Declaration*,A/RES/55/2,8 September 2000; UNEP,*Global Environmental Outlook* 3,P.402~410; Frank Biermann and Udo E. Simonis,"A world environment and development organization:Functions,opportunities,issues",*Policy Paper* 9 (Bonn:Development and Peace Foundation,1998); Frank Biermann and Udo E. Simonis, "Needed now:A world environment and development organization",*Discussion Paper* FS-II 98-408 (Berlin: Wissenschaftszentrum, 1998); Tanja Brühl and Udo E. Simonis, "World ecology and global environmental governance", available at http://skylla.wz-berlin.de/pdf/2001/ii01-402.pdf,accessed on 31 October 2006.

② WSSD,"Johannesburg declaration on sustainable development".

③ GEF Council Meeting,*Scope and Preliminary Operational Strategy for Land Degradation*,GEF/C.3/8,22-24 February 1995. And see GEF Council Meeting,*Initial Guidelines for Enabling Activities for the Stockholm Convention on Persistent Organic Pollutants*,GEF/C.17/4,9-11 May 2001.

世界银行、联合国开发计划署对全球环境事务与可持续发展方面的作用日益突出；[①]联合国系统与各类政府间组织、非政府组织、研究机构的协作愈发紧密，像世界可持续发展工商理事会、世界经济论坛(WEF)等非政府组织的作用开始突显。[②] 同时，为加强整个联合国系统内对全球环境事务及其与人类事务的协调，联合国于1999年设立了环境管理集团(EMG)，并以环境规划署为其秘书处。[③] 在运作程序上，尽管该时期的联合国全球环境治理机制在参与性和开放性上持续增强，但更朝着清晰严谨、系统有序的方向发展。这一点可以从各类机构的资格设置、项目运作上得到明确反映。

总体来看，自20世纪90年代中期尤其是新千年以来，联合国全球环境治理机制在朝着更加注重效力的方向发展，期望能够在新世纪改进或强化现有环境机制的运作，通过开发新措施以切实贯彻并实现先前已得到广泛认可的环境与可持续发展方面的原则、目标与战略，诚如约翰内斯堡可持续发展世界首脑大会向全世界人民所宣

---

① 它们一方面针对发展中国家或地区有关环境与可持续发展方面的项目进行评价、贷款和资助，并开始把环境考虑注入经济发展项目当中；另一方面又通过开展有关世界环境与发展方面的调研并发表报告来引导、协调世界各国的环境努力。See World Bank, "Topics in development", available at http://www.worldbank.org/html/extdr/thematic.htm, accessed on 11 May 2007; UNDP, "UNDP jobs", available at http://jobs.undp.org/index.cfm, accessed on 11 May 2007.

② 世界工商理事会的有关内容笔者已在第一章中做过描述；而世界经济论坛也曾开发过一套可持续发展指标体系，对142个国家的可持续状况做了一番评定，并且它还有更广泛的全球议程。See WBCSD, "Abo - ut WBCSD", available at http://www.wbcsd.ch/templates/TemplateWBCSD5/layout.asp?type = p&MenuId = NjA&doOpen = 1&ClickMenu = LeftMenu, accessed on 11 May 2007. And See John S. Dryzek, *The Politics of the Earth: Environmental Discourses*, P. 157 ~ 169; WEF, "Shaping the global agenda", available at http://www.weforum.org/en/events/index.htm, accessed on 12 May 2007.

③ UNEP, *International environmental governance: Report of the executive director*, UNEP/GC.23/6, 23 December 2004.

誓的那样,“我们决心一定要实现可持续发展的共同希望”①。

四、联合国全球环境治理机制演进

综合以上 3 个阶段的内容,我们可以看出,随着时代的变化,联合国全球环境治理机制在议题领域上不断扩展,其机制运作在不断地改进和深化,所凝聚的期望、信念也愈发地坚定起来。因此,纵观 1972 年以来联合国全球环境治理机制的变迁历程,它明显地呈现出一种渐进或不断演进的趋势(见表 2-1)。

表 2-1 联合国全球环境治理机制变迁历程

		应急与拯救 20 世纪 70 年代	扩展、联结与深化 20 世纪 80 年代 ~90 年代初期	改进与强化 20 世纪 90 年代 中期至今
时代背景		两极化、国际环境危机	两极格局动荡、国际环境危机、经济低迷	全球化
议题领域		对野生生物、海洋环境的保存或保护	生物多样性保护、危险废物以及化学品处置、臭氧层保护与气候变化、土壤与水体保护、核风险防治等各个方面;探索环境、经济、社会发展关系	如何加强可持续发展战略的执行,如何改进全球环境治理机制的运作
机制运作	原则	强调保护和改善人类生存环境的紧迫性;以人类利益为中心;各民族国家政府承担最大责任	把环境、经济、社会统一纳入可持续发展目标之中;强调地球的整体性和相互依存性;对环境问题加以“预防”而非技术性的修复和治理;建立全球伙伴关系,促进国际合作	注重公—私伙伴关系,强调私营部门的责任与作用;重视市场与现代技术的作用;要求全球伙伴精神指引下的广泛参与及联合行动;贯彻多边主义并建立更有效、更民主、更负责的多边机构

① WSSD, “Johannesburg declaration on sustainable development”, paragraph 34.

（续表）

		应急与拯救 20 世纪 70 年代	扩展、联结与深化 20 世纪 80 年代 ~90 年代初期	改进与强化 20 世纪 90 年代 中期至今
机制运作	机构	成立联合国环境规划署，其机构设置与职能较为简单	联合国环境规划署得到进一步完善；全球环境基金初步成立并开始试运营；联合国可持续发展委员会成立	全球环境基金正式运作，资助领域扩展到 6 个；世界银行、联合国开发计划署的作用日益突出；世界可持续发展工商理事会、世界经济论坛等非政府组织作用突显；联合国环境管理集团成立
机制运作	程序	相对封闭的精英社团式，参与较少	开放式，注重参与	参与性、开放性增强；但力求清晰严谨、系统有序
凝聚期望		应对危害、拯救人类	推进一步，开辟新的国际合作局面，使发展得以持续	改进或强化机制运作，切实贯彻并实现先前所定的原则、目标、战略

小　结

联合国全球环境治理机制已经成为当前全球环境事务的主要机制。与全球环境话语一样，自 20 世纪 70 年代以来，联合国全球环境治理机制也经历了从初建时期的应急到逐步的扩展联结，再到现代的改进强化这样一种演进过程。通过这种演进，联合国全球环境治理机制试图在更大程度上获得有关全球环境事务的某种影响或治理能力。

全球环境话语与联合国全球环境治理机制相互关系

本章的主要目的在于确定、描述、解析全球环境话语与联合国全球环境治理机制间的相互关系,因此相应包括3部分内容。一是对两者相互关系的定性判断与量化分析,二是对两者相互作用形式、内容、性质的描述,三是对两者相互作用过程及影响变量的解析。通过分析两者相互关系,我们就能够在一定程度上理解全球环境事务的演变机理。

第一节　两者相互关系的确定:定性判断与量化分析

笔者试图通过两个步骤来实现目标。首先通过关联比较初步得出两者之间存在某种相互关系这一定性判断;然后在定性判断的基础上再做进一步的量化分析,进而确定这种相互关系的存在。

一、对两者变迁历程的初步比较

前两章对全球环境话语与联合国全球环境治理机制变迁历程的扼要描述是在两者相互关系"零假设"即预设两者不存在相互关系的基础上分别展开的,但这并不意味着对两者相互关系的断然否定。表3－1即把全球环境话语与联合国全球环境治理机制的变迁历程列于同一个联表之内,试图在比较两者变迁历程的基础上得出有关两者相互关系的初步判断,以便在下一节中能够更加科学地确定这种相互关系。

（一）两者变迁历程联表

表3-1　全球环境话语与联合国全球环境治理机制变迁历程联表

全球环境话语（生存主义→可持续发展→生态现代化）		联合国全球环境治理机制（应急与拯救→扩展、联结与深化→改进与强化）	
形成背景	国际环境危机、能源危机→国际环境危机、经济低迷→全球性环境危害、经济全球化	时代背景	两极化、国际环境危机→两极格局动荡并结束、国际环境危机、经济低迷→全球化
焦点问题	是否存在限制→环境保护、经济增长、社会发展是否一致，发展能否持续→对经济与资本的追逐是否与对可持续发展的追求相融	议题领域	对野生生物、海洋环境的保存或保护→生物多样性保护、危险废物以及化学品处置、臭氧层保护与气候变化、土壤与水体保护、核风险防治等各个方面；探索环境、经济、社会发展的关系→如何加强可持续发展战略的执行，如何改进全球环境治理机制的运作
核心观念	经济增长和人口扩张将遭受全球环境限制，要在环境与增长之间做出取舍，通过统一管理体制给人类社会施加约束→制约不是绝对的，人类可以通过对技术与社会组织进行有效的管理和改善来改变它；经济、环境与社会相互协调，经济增长、环境保护、社会公正可长期持续，人类应以整体思维推动它们共同取得进展→经济增长与环境保护并不矛盾，可以沿着更加有益于环境的路线重构资本主义政治经济	机制运作	在原则上强调保护和改善生存环境的紧迫性、以人类利益为中心、民族国家政府要承担最大责任；机构上成立联合国环境规划署；程序上相对封闭、参与较少→原则上把环境、经济、社会统一纳入可持续发展，强调地球整体性和相互依存性，对环境问题加以“预防”而非技术性修复和治理，建立全球伙伴关系，促进国际合作；机构上进一步完善联合国环境规划署、初步成立并试运营全球环境基金、成立联合国可持续发展委员会；程序上开放、注重参与→原则上强调私营部门作用、重视市场与现代技术作用；要求全球伙伴精神指引下的广泛参与及联合行动、贯彻多边主义并建立更有效更民主更负责的多边机

（续表）

全球环境话语 （生存主义→可持续发展→生态现代化）		联合国全球环境治理机制 （应急与拯救→扩展、联结与深化→改进与强化）	
核心观念		机制运作	构;在机构上,全球环境基金正式运作并扩展资助领域,世界银行、联合国开发计划署作用突出,世界可持续发展工商理事会、世界经济论坛等非政府组织作用突显,联合国环境管理集团成立;程序上参与性、开放性增强,但力求清晰严谨、系统有序
基底情愫	危机感、紧迫感、悲观→谨慎乐观、让人安心→现实、自信	凝聚期望	应对危害、拯救人类→推进一步,开辟新的国际合作局面,使发展得以持续→改进或强化机制运作,切实贯彻并实现先前所定的原则、目标、战略

（二）联表分析及两者相互关系的初步判断

从表3－1所提供的资料并结合两者变迁历程进行分析,可以认为:首先,在演化背景方面,两者的变迁背景具有一致性,其起始背景都蕴含有国际环境危机,并在经历经济低迷后演化到经济全球化。

其次,前者的焦点问题与后者的议题领域尽管乍看上去联系不大,但后者的议题实际上是在前者的焦点问题得到回答的基础上才加以确定的;对前者焦点问题及其答案的探讨或寻求过程为后者确定议题领域划定了方向。

再次,在前者的核心观念与后者的机制运作上,可以看出,后者每一个阶段所采用的原则、所设立的机构或程序都遵循了前者所设定的基本路线。当前者主张存在限制并应以统一体制对人类社会施加约束时,后者即强调保护人类生存环境,并建立统一协调全球环境事务的环境规划署;当前者主张制约并非绝对,环境、经济、社会相互协调并应以整体思维推动它们共同持续发展时,后者即把这种可持续发展、整体性作为基本原则,强调全球伙伴关系,并成立了联合国可持续发展委员会、完善了既有的环境规划署的设置与职能。当前者主张环境与经济可以双赢、沿着更加有益于环境的路线重构资本主义政治经济而不必改变到一种完全不同的政治经济体制时,后者即强调私营部门、市场、科技以及企业化管理的重要性,并突显工商部门或经济组织的责任与作用。

最后,在前者的基底情愫与后者所凝聚的期望上,我们也可以辨明,两者之间具有某种相应的关联。人们“应对危害、拯救人类”的期望反映出了生存主义的危机感、紧迫感;期望“推进一步,开辟新的国际合作局面,使发展得以持续”所反映的则是可持续发展话语的一种谨慎乐观、让人安心的基底情愫;期望“改进或强化机制运作,切实贯彻并实现先前所定的原则、目标、战略”则恰好反映出生态现代化的现实与自信。

因此,从总体趋势上判断,联合国全球环境治理机制所经历的应急与拯救→扩展、联结与深化→改进与强化3个演进阶段恰与全球环境话语生存主义→可持续发展→生态现代化的3个演进阶段相对应,全球环境话语对联合国全球环境治理机制可能存在着某种影响。

另一方面,由于前文对两者的变迁历程是分别加以描述的,并没有刻意反映出全球环境话语也可能受到联合国全球环境治理机制的影响;但其中一个比较明显的例子是,可持续发展话语从其形成到顶峰,都与联合国的推动和参与紧密相连。在其形成时,就有联合国环境规划署、联合国粮农组织的参与,其确立更是与1983年联合国大会所成立的世界环境与发展委员会直接相关,其代表性文本《我们共同的未来》是世界环境与发展委员会4年工作的成果,并因此成为1992年联合国环境与发展大会的基调报告,其顶峰也正是在该次大会上才达到的。另外,生存主义的代表性文本之一《只有一个地球》也是受联合国人类环境大会秘书长莫里斯·斯特朗(Maurice F. Strong)的委托而制定的,并因此成为1972年联合国人类环境大会的基调报告。这说明,全球环境话语也可能受到联合国全球环境治理机制的影响。

综合以上分析,我们可以做出这样的初步判断,即全球环境话语与联合国全球环境治理机制之间可能存在着某种相互的关联,两者是协同演进的。

二、对两者相互关系的量化分析

由于环境问题本身即具有高度的复杂性,加之全球环境话语与联合国全球环境治理机制两者所经历的历史时段都长达30乃至40余年之久,笔者所探讨的又是两者互为自变量和因变量的依存关系,对两者相互关系的量化分析就变得倍加困难。因此,为使这种量化分析简捷清晰,笔者试图把它分成两个部分来做。

第一部分将以全球环境话语为自变量、联合国全球环境治理机制为因变量,对两个变量进行重点测量,以分析全球环境话语对联合国全球环境治理机制的相关性。具体测量样本首先是两部报告文本《只有一个地球》和《我们共同的未来》、两次环境会议1972年斯德哥尔摩联合国人类环境大会(UNCHE)和1992年里约热内卢联合国环境与发展大会(UNCED),然后是参与全球环境话语讨论的国家行为体所处的历史境域、出任联合国环境规划署主任频率、联合国全球环境治理机制的模式选择,相应的测量指标将从前两章概念界定当中有关两个变量的外延特征演化出来,指标值将被编制于相关表内,并相应的加以分析。

第二部分则试图以联合国全球环境治理机制为自变量、全球环境话语为因变量,对两个变量在1972~2001年期间的连续值进行一次相关分析,以明确联合国全球环境治理机制对全球环境话语的相关性。具体的测量样本是全球环境大会频次与联合国环境规划署所登记的全球性多边环境公约或法律文本数量。

（一）重点测量与分析：全球环境话语对联合国全球环境治理机制的相关性

1. 测量全球环境话语所指向的实际问题数目与联合国全球环境治理机制的治理密度

全球环境话语所指向的实际问题的范围有着一定的差别，这可以从1972、1992年联合国环境大会的两部基调报告《只有一个地球》和《我们共同的未来》中总结出来。对于联合国全球环境机制的治理密度，可以用参加1972、1992年两次联合国环境大会的行为体类型与数量来表征（见表3－2）。

表3－2　全球环境话语所指向的实际问题数目与联合国全球环境治理机制的治理密度相关表（单位：个）

年份	全球环境话语所指向的实际问题数目	联合国全球环境治理机制的治理密度			
		国家数目	政府首脑数目	非政府组织数目	代表总数
1972	8	113	2	300	1,300
1992 ＊	12	172	108	1400	10,000
增长百分比	50%	52.2%	5300%	366.7%	669.2%

资料来源：UNEP，*Global Environmental Outlook* 3；联合国，"联合国环境与发展会议"，http://www.un.org/chinese/aboutun/briefpaper/earth.htm，2006年9月28日；UNEP，"Attendance and organization of work"，av－ailable at http://www.unep.org/Documents.Multilingual/default.asp? DocumentID＝97&ArticleID＝1517&l＝en，acc－essed on 25 September 2006.

〔美〕芭芭拉·沃德，勒内·杜博斯：《只有一个地球——对一个小小行星的关怀和维护》；世界环境与发展委员会：《我们共同的未来》。

＊注：第三行所列的年份主要是里约热内卢联合国环境与发展大会召开的年份，由于发表于1987年的《我们共同的未来》是该次大会的基调报告，因此在第三行中略去了该报告的发表年份，下表同做如此处理。

表3－2提供的资料表明,1972年《只有一个地球》所提到的问题主要有发展的差异、发展经济的策略、污染、人类对土地的利用与定居、资源的平衡、生物圈的共享、在技术圈中共存、人类生存战略等8个;[①]1987年《我们共同的未来》则主要提到了未来所受的威胁、可持续发展、国际经济的作用、人口与人力资源、粮食保障、物种与生态系统、能源、工业、城市、公共资源管理、与环境有关的和平与安全、共同行动战略等12个问题。[②] 与1972年相比,问题范围扩展了50%。随着问题范围的扩展,参加1992年UNCED的国家数目则增加了52.2%,与会政府首脑数目则增加了53倍,与会非政府组织数目增加了3.667倍,与会代表总数增加了6.692倍。因此,可以认为,联合国全球环境治理机制的治理密度随着全球环境话语所指向的实际问题范围的扩大而迅速增大。

2.测量全球环境话语沟通过程的完备性与联合国全球环境治理机制的原则深度

全球环境话语具有附着特征,往往经由行为体间的沟通过程而显明;并且对不同的全球环境话语而言,其沟通过程的完备性有着某种程度的差别。《只有一个地球》与《我们共同的未来》的出台就经历了不同的沟通过程。1972年《只有一个地球》的编著过程采用了通讯委员会的形式,该委员会由58个国家的152位成员组成,委员们通过信件方式向主要编著者芭芭拉·沃德教授和勒内·杜博斯博士提供材料和意见,因此其沟通方式主要是一种间接沟通,委员之间的联系较为松散。[③] 而世界环境与发展委员会在编著《我们

① 参见〔美〕芭芭拉·沃德,勒内·杜博斯:《只有一个地球——对一个小小行星的关怀和维护》,第39～213页。

② 参见世界环境与发展委员会:《我们共同的未来》,第31～305页。

③ 参见〔美〕芭芭拉·沃德,勒内·杜博斯:《只有一个地球——对一个小小行星的关怀和维护》,序言第5～17页。

共同的未来》的过程中,不仅采用了各种专业委员会或顾问小组的形式,还在世界各大洲进行现场访问、召开协商会议,收到了 500 多份书面意见;最具特色的是,该委员会还在其访问的世界各大洲召开了公众意见听证会,有数以百计的组织和个人出席听证会,并向其提供了大量证据。[①] 因此,与《只有一个地球》相比,《我们共同的未来》在其编著过程中所采用的沟通方式是比较完备的。

对联合国全球环境治理机制的治理原则而言,它主要体现在 1972、1992 年两次联合国环境大会所通过的宣言当中,其深化状况已在前文阐述联合国全球环境治理机制的扩展、联结与深化阶段时有所说明。如果说 1972 年 UNCHE 所达成的治理原则相对粗浅的话,那么 1992 年 UNCED 所达成的治理原则即呈现出一种深化的倾向。

表 3-3 即把上述分析所得到的有关全球环境话语沟通过程的完备性、联合国全球环境治理机制的原则深度的相应指标做了等级分类。资料表明,当全球环境话语沟通过程从松散到完备时,联合国全球环境机制的治理原则即呈现出一种由浅到深的趋势;可以认为,后者的原则深度随着前者沟通过程完备性的变化而变化。

表 3-3　全球环境话语沟通过程的完备性与联合国全球环境治理机制的原则深度相关表

年份	全球环境话语沟通过程的完备性	联合国全球环境治理机制的原则深度
1972	松散	粗浅
1992	较完备	深化

资料来源:UNCHE,"Declaration of the United Nations Conference on the Human Environment"; UNCED,"Rio declaration on environment and development"; UNCED,"Agenda 21".

〔美〕芭芭拉·沃德,勒内·杜博斯:《只有一个地球——对一个小小行星的

① 参见世界环境与发展委员会:《我们共同的未来》,第 460 ~ 473 页。

关怀和维护》;世界环境与发展委员会:《我们共同的未来》。

3. 测量不同历史境域的国家行为体对全球环境问题或事务的参与度与其出任联合国环境规划署执行主任的频率

全球环境话语由于其宏观—微观的双重性、可变性,处于不同历史境域的行为体对全球环境问题或事务的参与程度会有所不同。而对联合国全球环境治理机制的主要机构环境规划署而言,其主任人选也总是有着特定的历史背景。联合国环境规划署自1972年至今,已经有5任执行主任,分别是加拿大的莫里斯·斯特朗、埃及的穆斯塔法·托尔巴、加拿大的伊丽莎白·道斯维尔(Elizebath Dowsewell)、德国的克劳斯·特普费尔(Klaus Toepfer)与阿齐姆·施泰纳(Achim Steiner);其中,只有托尔巴来自于发展中国家,其他4任都来自于发达国家。相对而言,发达国家对全球环境问题或事务的参与程度比较高,发展中国家对全球环境问题或事务的参与程度则较低;加拿大、德国不仅在国内环境政策与环境事务方面卓有成效,而且在参与全球环境问题研究与治理等方面也取得了明显效果。因此,发达国家和发展中国家对全球环境问题或事务参与度的差别与其出任联合国环境规划署执行主任的频率可能有着较大的关联(见表3-4)。

表3-4 不同历史境域国家行为体对全球环境问题或事务的参与度与其出任联合国环境规划署主任的频率相关表(单位:次)

	对全球环境问题或事务的参与度	出任联合国环境规划署执行主任的频率
发达国家	高	4
发展中国家	低	1

资料来源:UN,"Achim Steiner",available at http://www.un.org/News/ossg/sg/stories/senstaff_details.asp? smgID=77,accessed on 28 December 2006;UNEP,"Former executive directors of the United Nations Environment Programme",available at http://www.unep.org/Documents.Multilingual/Default.asp? DocumentID = 43&ArticleID = 5253&l = en, accessed on 29 May 2007.

4. 测量国家行为体历史境域及其对环境事务方面的模式选择

在20世纪90年代可持续发展理念成为共识以前,经济优先是发展中国家的主流选择,政策优先是发达国家的主流选择。正如1972年联合国人类环境大会上印度总理英迪拉·甘地夫人所说,"贫穷是最大的污染"①,负责斯德哥尔摩会议起草和计划工作的委员会在其1972年4月的报告中也称"环境保护不能成为减缓发展中国家经济增长的理由"②。对20世纪70年代亚非拉广大新生的发展中民族国家而言,经济建设是其首要任务。在1972年联合国人类环境大会使环境问题重要性突显以后,主要是在欧美发达国家,政策优先倾向开始显现,即环境要素开始被列入政策措施、立法框架以及规划制定过程当中,试图以政府主动决策来加强环境保护进程。1992年联合国环境与发展大会确立了可持续发展战略,通过了《21世纪议程》,使可持续优先逐渐成为一种各国共同的远景选择,即环境、经济与社会综合平衡协调共进。但由于20世纪90年代以来冷战结束及经济全球化进程的加速,市场优先即国家财富的积累和市场力量的优化在发展中国家开始占据主导地位;作为全球化进程的发动者与利益既得者,发达国家则越来越注重自己在全球化世界中包括环境安全在内的安全问题。以至于世界各国在2002年可持续发展世界首脑大会上需要重申对可持续发展的政治承诺,并以含有具体手段和时间表的《执行计划》来加强可持续发展的实际进程。因此,不同的国家行为体由于其所处的历史境域不同,对环境事务的模式选择就有较大差异;与发展中国家相比,发达国家在环境事务的模式选择上更注重对环境要素的考量(见表3-5)。

---

① Maurice F. Strong, *Hunger, Poverty, Population and Environment* (Madras, India: The Hunger Project Millennium Lecture, 7 April 1999).

② UNEP, *Global Environmental Outlook* 3, P. xiv.

表3-5　行为体的历史境域及其对环境事务方面的模式选择相关表

年代	国家行为体历史境域	模式选择
20世纪70年代	发展中国家	经济优先
	发达国家	政策优先
20世纪90年代	发展中国家	市场优先、可持续优先
	发达国家	安全优先、可持续优先

资料来源:UNEP,*Global Environmental Outlook* 3.

综合以上4个方面的测量与分析,可以认为,全球环境话语对联合国全球环境治理机制具有相关性,也即,前一变量对后一变量存在着某种影响。

(二)相关分析:联合国全球环境治理机制对全球环境话语的相关性

本小节试图就两者相互关系的另一面也即联合国全球环境治理机制对全球环境话语的相关性进行一种统计学意义上的相关分析。对联合国全球环境治理机制的测量,笔者试图以1972~2001年联合国所召开的全球环境大会频次为指标,这些环境大会主要是指1972年斯德哥尔摩联合国人类环境大会、1982年内罗毕联合国人类环境大会10周年纪念会、1992年里约热内卢联合国环境与发展大会(见表3-6)。[①] 对全球环境话语的测量,则以1972~2001年全球多边环境条约数量为指标,其值取自2005年联合国环境规划署环境条约登记表(见表3-7),尽管该指标可能与联合国全球环境治理

① 由于第二个指标联合国环境规划署所登记的环境条约自2002年以来的数据相当少,为测量方便以及前后对应起见,两个指标的统计数据都是截至2001年,2002年约翰内斯堡可持续发展世界首脑大会也就没有考虑在内。而2002年到2012年,也未公开举行综合性、大规模的全球环境峰会,国际气候谈判等事务进入艰难的深化时期和深水区,全球或国际环境条约方面很难找到实质性的进展和数据统计。

机制的外延特征——治理密度紧密相关,但它仍不失为国际社会对环境问题达成广泛共识的主要标志。①

表3-6 1972~2001年联合国所召开的全球环境大会频次(单位:次)

年份	联合国召开的全球环境大会频次	累计
1972	1	1
1982	1	2
1992	1	3

资料来源:UNEP, *Global Environmental Outlook* 3.

表3-7 1972~2001年联合国环境规划署所登记的全球多边环境条约数量(单位:件)

年份	**1972**	**1973**	**1974**	**1975**	**1976**	**1977**	**1978**	**1979**	**1980**	**1981**	累计
全球多边环境条约数量	6	5	3	-	7	2	4	4	3	4	38
年份	1982	1983	1984	1985	1986	1987	1988	1989	1990	1991	累计
全球多边环境条约数量	7	6	1	4	8	1	4	6	5	3	45
年份	1992	1993	1994	1995	1996	1997	1998	1999	2000	2001	累计
全球多边环境条约数量	12	7	10	8	6	7	7	7	6	9	79

资料来源:UNEP, *Register of International Treaties and Other Agreements in the Field of the Environment*, UNEP/Env. Law/2005/3.

注1:—表示该年份没有统计数据。

注2:联合国环境规划署的环境条约登记表在其名称当中并未特别指明"多边"一词,但它所登记的各项条约不论从其名称还是从内容上判断,俱是所谓的由两方以上的行为体参与的多边条约,在范围上包括全球性的和地区性的两种。表3-7中所列数字即为全球性的多边环境条约数值,已将地区性的多边环境条约数量剔除。

表3-6说明,自1972至2001年间,联合国所召开的全球环境

① 笔者所能找到的主要是这两个指标,并认为它们可以用来说明问题。

大会累计3次。表3-7说明,在1972年联合国人类环境大会召开后的1972~1981年间,联合国环境规划署所登记的多边环境条约数量累计38件;1982~1991年间累计45件;1992~2001年间累计79件。如果把两个指标做一联表(见表3-8),则可以很明显地看出两者间的对应关系;随着全球环境大会频次的增多,多边环境条约的数量也在逐步增加。

表3-8 1972~2001联合国所召开的全球环境大会频次与联合国环境规划署所登记的全球多边环境条约数量相关表(累计值)

年度区间	联合国召开的全球环境大会频次	联合国环境规划署所登记的全球多边环境条约数量
1972~1981	1	38
1982~1991	2	45
1992~2001	3	79

资料来源:UNEP, *Global Environmental Outlook* 3; UNEP, *Register of International Treaties and Other Agreements in the Field of the Environment*, UNEP/Env. Law/2005/3.

为明确两者的相关程度,可以联合国召开的全球环境大会频次为自变量 x,以联合国环境规划署登记的全球多边环境条约数量为因变量 y,计算两者的相关系数 r(见表3-9)。

表3-9 1972~2001联合国所召开的全球环境大会频次与联合国环境规划署所登记的全球多边环境条约数量的关系(相关数据)

序号	年度区间	x	y	xy	X^2	Y^2
1	1972~1981	1	38	38	1	1444
2	1982~1991	2	45	90	4	2025
3	1992~2001	3	79	237	9	6241
∑(总和)	-	6	162	365	14	9710

根据表3－9，$\sum x$的值为6，$\sum y$的值162，$\sum xy$的值为365，$\sum X^2$的值为14，$\sum Y^2$的值为9710，n的值为3，将这些数值代入皮尔逊相关系数的计算公式：

$$r = \frac{n\sum xy - (\sum x)(\sum y)}{\sqrt{n\sum x^2 - (\sum x)^2} \cdot \sqrt{n\sum y^2 - (\sum y)^2}}$$

$$= \frac{3 \times 365 - 6 \times 162}{\sqrt{6}\sqrt{2886}}$$

$$\approx 0.935$$

因此，最终求得的相关系数约为0.935，表明联合国全球环境治理机制与全球环境话语之间呈高度正相关关系。

至此，通过前述对全球环境话语与联合国全球环境治理机制所进行的关联比较而得到的初步判断，以及随后对两者相互关系所做的进一步的量化分析，我们可以确定，全球环境话语与联合国全球环境治理机制之间存在相互关系。

第二节　两者相互关系的一种描述：形式、内容及性质

在确定全球环境话语与联合国全球环境治理机制存在相互关系之后，本节试图弄清这种相互关系到底是一种什么样的相互关系。也即，它主要是因果关系还是建构关系？笔者在第一节中曾把两者分别作为自变量和因变量加以测量与分析，好像在说两者之间是一种因果关系。但事实并非如此，笔者将通过描述两者相互影响相互作用的基本形式与内容来说明，两者间所存在的主要是一种相互建构的关系。

关于两者相互作用的基本形式与内容，可以通过下图来表示（图3－1）：

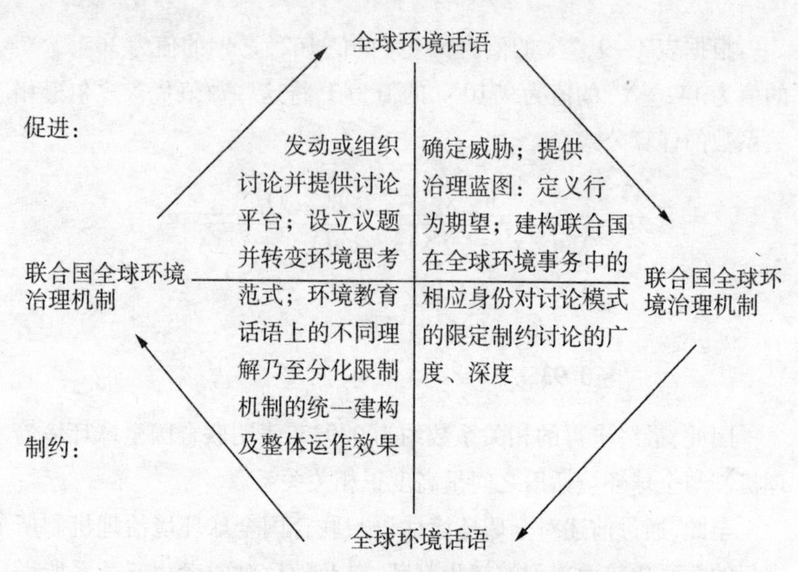

图 3-1　全球环境话语与联合国全球环境治理机制相互作用的基本形式与内容

根据图 3-1 所示,横轴为联合国全球环境治理机制,纵轴为全球环境话语;横轴上下方的 4 个象限表明了两者相互作用的基本形式与内容。两者相互作用的基本形式有两种:相互促进与相互制约,横轴上方的第一和第二象限表示两者相互促进的一面,横轴下方的第三和第四象限则表示两者相互制约的一面。图中 4 个箭头分别表示两者相互作用的方向,箭头与横纵轴所圈定的部分则表示两者相互作用的主要内容。

一、两者相互促进的一面

(一)全球环境话语对联合国全球环境治理机制的促进

图 3-1 第一象限表明了全球环境话语对联合国全球环境治理机制的促进作用,这种促进主要包含 4 个方面的内容:

1. 确定威胁

主要是说,针对全球环境问题的话语讨论可以辨明并界定国际社会在环境事务方面面临着哪些主要威胁,这些威胁可能由人类的主观活动导致,也可能由自然因素所引发,但不论怎样,它们都已经严重损害或将要损害人类社会既有的生活与生产秩序,甚至危及整个世界的生存与安全。

这些主要威胁首先是由生存主义话语明确界定的。罗马俱乐部在1972年《增长的极限》中指出了5个方面的威胁:急速的工业化、快速的人口增长、普遍的营养不良、不可更新资源的衰竭、环境的退化;并认为这些威胁之间相互交织:人口的增长需要食品,食品的增加依靠资本投入的增长,更多的资本则需要更多的资源,废弃的资源则变成了污染,而污染又最终妨碍了人口与食品的增长。①甚至可以说各种威胁相互之间会产生一种增效作用②,使得威胁的破坏力急剧增大。加勒特·哈丁则在《公地的悲剧》中警告说,在一个信奉公地自由的社会里,每一个追逐个人利益的人的行为最终会使全体走向毁灭;公地自由会毁掉一切。③

这些威胁在被生存主义话语确定之后,尚未有一项得以成功地消除。在后来的可持续发展以及生态现代化话语中,这些威胁在新背景下的各领域中又被不断地复制、扩展并精确化。可持续发展话语已将这些威胁延展到未来,并详细列举了人类在未来岁月中必须面临的贫穷、增长、温室效应、生态系统遗传物种多样性的明显减少、大气臭氧层耗竭、森林消失、沙漠化等严重挑战,认为环境危机、发展危机、能源危机实际上是一个危机。④ 自20世纪90年代以来,

---

① Eduard Pestel, "Abstract for 'The limits to growth'".

② 世界著名环境问题专家诺曼·迈尔斯博士在解释这种增效作用时认为,当两个或两个以上环境问题相互作用时,它们的影响以一种相互增强的方式起作用,其结果不是一个双重问题,而是一个超级问题。可参见〔美〕诺曼·迈尔斯:《最终的安全:政治稳定的环境基础》,王正平、金辉译,上海译文出版社2001年版,第201~202页。

③ Garrett Hardin, "The tragedy of the commons", P. 1243~1248.

④ 参见世界环境与发展委员会:《我们共同的未来》,第31~49页。

随着威胁界定的明晰化,联合国已把环境事务方面所面临的主要威胁明确集中到臭氧层衰竭、全球气候变暖、生物多样性消失、土壤沙漠化等重大问题上来。

2. 提供治理蓝图

这里所说的蓝图意味着全球环境话语为解决全球环境问题、消除国际社会在环境事务方面所面临的主要威胁而规划的行动方案或者说行动路线。

需要注意的是,尽管不同的话语者所勾画的行动方案其细节或重点可能有所不同,但每一种话语体系所提供的行动方案在总体取向上却是一致的、共同的,这一点已在第一章中得以阐述。比如,就生存主义话语而言,哈丁强调在公共物品管理上充分发挥产权、法律制度以及道德权威的作用;①爱德华·戈德史密斯等人认为"重点必须放在完整化上"②;罗马俱乐部则提出在全球推进"零增长"策略以实现"全球平衡"目标;③芭芭拉·沃德与勒内·杜博斯在《只有一个地球》中则"基于我们掌握的这个行星上相互依存的新知识,要求把各种活动都看做是世界性的",从而提出了"一种统一体系的蓝图",强调"以必要的统一性为目标来建设人类社会"。④ 因此,生存主义话语在总体上所趋向的,是对一种统一的权威管制体系的需要。各国政府不仅在口头上承认了生存主义观点,还把这种观点付之以实践,建立起相应的联合国机构;联合国环境规划署的建立乃至其在全球环境事务中统筹协调功能的运作,正是这种话语的物质体现,或者可以说它是生存主义话语造就的产物。

---

① Garrett Hardin, "The tragedy of the commons", P. 1243 ~ 1248.

② 〔英〕E. 戈德史密斯编著:《生存的蓝图》,第 13 页。

③ Eduard Pestel, "Abstract for 'The limits to growth'".

④ 〔美〕芭芭拉·沃德,勒内·杜博斯:《只有一个地球——对一个小小行星的关怀和维护》,第 258 ~ 259 页。

可持续发展话语则在生存主义话语关怀和维护所谓“一个地球”的基础上向着所谓“一个世界”的可持续发展努力前进,因为人类世界的分化已经严重阻碍了对“一个地球”的维护进程。其中最有代表性的是,世界环境与发展委员会在1987年《我们共同的未来》中从政策方向、国际合作与机构改革等方面向联合国提出了一系列建议,为推进全球环境保护与可持续发展规划了较为详细的路线图,主要包括:要求联合国秘书长应在可持续发展方面“提供一个高级的联合国系统领导中心”;在对付环境影响方面加强联合国环境规划署;在评价全球性危险方面建立起一个由非政府组织、科学团体、工业组织之间进行合作的新国际机构;“在联合国主持下,准备一个关于环境保护和可持续发展的普遍性的宣言”;在投资方面由多边金融机构发挥关键作用等等。“为了完成需要的变革”,该委员会呼吁联合国大会把《我们共同的未来》转变成一个联合国可持续发展规划。① 1992年《21世纪议程》的出台以及联合国可持续发展委员会的建立正是由可持续发展话语促成的。

生态现代化则更进一步,它强调市场、技术以及私营机构对环境与发展事务的重要性,为实现可持续发展提供了更加有力的执行手段。其中较为突出的是,美国曼哈顿研究所高级研究员、《福布斯》杂志专栏作家彼得·休伯(*Peter Huber*)在其2000年出版的《硬绿——从环境主义者手中拯救环境·保守主义宣言》中提出,真正的稀缺不是经济的稀缺,而是绿色的稀缺,是未被市场开发以及人类触动的野生生物、森林、湿地的稀缺。为了实现充裕,我们应该“把追求效率的事留给市场”;应该支持更加集约更加高效的所谓“硬技术”、“硬农业”、“硬动力”;支持“促进经济富裕的政策”,因为“富裕是绿色的”,“富裕比贫困更加绿色”;支持“私有化污染”,转

① 世界环境与发展委员会:《我们共同的未来》,第13~29页。

化污染为产权;全心全意地支持“私人保护的积极性”。[①] 在2002年《可持续发展世界首脑会议执行计划》中,帮助发展中国家提高市场参与能力从而消除贫穷、促进公私合作以及私营部门的参与和责任、开发并使用更加清洁高效的技术即成为与会各国所强调的重点内容。[②]

3. 定义对行为的期望

人们在讨论环境问题的过程中,不论是把威胁界定在哪些方面,也不论是打算遵循什么样的行动路线,总是要以特定的目标为指引,都力图为自己构建起一个美好的未来。环境话语如果缺乏一种适当的远景展望或追求,就会失去对社会公众乃至政治人物的吸引力。前文在描述联合国全球环境治理机制的变迁历程时实际上已经概括了人们在不同时代背景下对联合国全球环境事务的各种殷切期望。

此外,值得注意的是,环境与安全的联系开始受到国际社会关注,通过环境努力来推进世界安全与和平成为人们未来展望中的重要部分。世界环境与发展委员会在《我们共同的未来》中认为,从对国家主权的政治和军事威胁等传统意义上来理解的安全概念必须加以扩大,应该把日益增长的环境压力的影响包括进去,对“环境不安全”不可能提供军事意义上的解决方法。[③] 世界著名环境问题专家诺曼·迈尔斯(*Norman Myers*)博士则明确提出了“环境安全”概念。他在1993年出版的《最终的安全:政治稳定的环境基础》一书中认为,环境已成为安全问题的基本要素,每一个环境因素都可

---

① 〔美〕彼得·休伯著,戴星翼、徐立青译:《硬绿——从环境主义者手中拯救环境·保守主义宣言》,上海译文出版社2002年版,第245~256页。

② WSSD,“Plan of implementation of the World Summit on Sustainable Development”,P. 3~62.

③ 世界环境与发展委员会:《我们共同的未来》,第23页。

能成为经济混乱、社会紧张和政治对抗的根源,环境基础的退化最终将会导致国家的经济基础衰退、社会组织蜕变、政治结构动荡,从而引发国内骚乱和国际关系的紧张与敌对;假如我们继续走全球性的环境毁灭之路,环境问题在未来几十年里可能会成为国际冲突的主要原因。因为对所有国家而言,他们最终都需要一个良好的地球栖息地,整个国家共同体以及全人类所需要的安全形式将是一种可令人接受的洁净、舒适的地球环境。因此,以环境为基础的安全也即"环境安全"是一种新型的"集体安全",也是"最终的安全"。①

通过对环境安全——"最终的安全"概念的阐释,诺曼·迈尔斯博士为国际社会勾勒了一种新的安全或和平图景。尽管有关世界环境组织(*WEO*)而不是所谓的"联合国环境安全理事会"的建议已在约翰内斯堡可持续发展世界首脑峰会上得以逐步明确,并日益得到包括广大发展中国家在内的联合国成员国的支持,但不能否认,联合国目前依然是国际集体安全的主要维护机制,也可能会一直是国际社会在考虑各类安全问题时无法忽略的重要因素,对实现"环境安全"这种新型"集体安全"的期望也并未完全排除在联合国所努力从事的重要目标或任务体系之外。② 关于这一点,我们可以进一步从有关联合国在全球环境事务方面的身份建构来理解。

4. 建构联合国在全球环境事务方面的相应身份

由于环境问题的相互关联特征,国际社会在探索环境问题的解决之道时已经逐渐认识到了国际联合行动的重要性,而随着世界迈入一种快速全球化的时代,全球协作又逐步成为国际社会的共识。

---

① 参见〔美〕诺曼·迈尔斯:《最终的安全:政治稳定的环境基础》,第3~31页。

② 关于联合国集体安全机制的研究,可参见门洪华:《和平的纬度:联合国集体安全机制研究》,上海人民出版社2002年版。

在全球环境协作方面，联合国处于什么样的位置，应当承担什么样的角色，世界各国在历次联合国环境大会以及联合国新千年大会等会议上都表明了自己的基本观点与态度。

重点以2000年联合国新千年大会和2002年约翰内斯堡可持续发展世界首脑大会为例。在联合国新千年大会上，与会各国在《联合国千年宣言》中强调要"共同承担责任"，"联合国作为世界上最具普遍性和代表性的组织，必须发挥核心作用"①。在可持续发展世界首脑大会上，与会各国在大会通过的《可持续发展世界首脑会议执行计划》第11部分"可持续发展的制度框架"第142段中明确规定，"一个充满生气和有效的联合国系统是增强国际合作、促进可持续发展和建立对每一个国家都有好处的全球经济体系的基本条件。"并在随后的第143至155段中对联合国大会、联合国经济与社会理事会、环境规划署、人类住区委员会、开发计划署、可持续发展委员会等联合国机构在全球环境事务中的角色作了说明。② 在大会最终发表的《可持续发展宣言》当中，与会各国重申，"我们支持联合国发挥领导作用，它是世界上最具普遍性和代表性的组织，是最能促进可持续发展的机构"③。

因此，尽管从治理实践与制度设计的角度来说，联合国及其专门机构在全球环境事务方面的合法性与治理效能仍有待不断地讨论和改进，④但国际社会还是对联合国表明了高度信任与期望，把统筹、领导或者说支撑全球环境协作事务的主要任务和权威授给了联

---

① General Assembly, *United Nations Millennium Declaration*, A/RES/55/2.

② WSSD, "Plan of implementation of the World Summit on Sustainable Development", P. 57 ~ 60.

③ WSSD, "Johannesburg declaration on sustainable development", paragraph 29.

④ See Steinar Andresen and Ellen Hey, "The effectiveness and legitimacy of international environmental institutions", *International Environmental Agreements* 5 (2005), P. 211 ~ 226.

合国及其专门机构。

(二)联合国全球环境治理机制对全球环境话语的促进

图3-1第二象限表明了联合国全球环境治理机制对全球环境话语的促进作用,主要包括以下3个方面的内容:

1.发动或组织全球环境讨论,并为之提供平台

自1972年以来,联合国已成为历次全球环境大会的发动者、组织者,这一点已在前文对联合国全球环境机制与全球环境话语相关性的相关分析中有所说明。这些大会所进行的相关活动及其所取得的成果也是富有生气和显而易见的。在会议之前的筹备阶段,联合国往往要聘请专家或组织专门委员会召开筹备会议,拟定大会程序,就大会将要探讨的专门问题进行调研、提出建议报告或撰写具有大会基调性质的研究报告,《只有一个地球》、《我们共同的未来》便是这类基调报告的成功典范。就会议期间而言,会议在进行模式上除了召开所有成员都可以参加的全体会议之外,还要根据参会人员的性质和要求把他们分成不同的小组,让他们按照不同的议题进行讨论、辩论甚或谈判。会议在结束时往往发表能够总结与会人员观点、具有广泛共识性的原则宣言或行动计划。①

而且,为了能够包容各种相关行为体和利益,对全球环境及发展问题进行充分的磋商或讨论,联合国环境规划署正式组织了两个类别的全球环境论坛。一是自1999年起对环境规划署理事会进行开放和扩大改造,在理事会年会召开的同时举行由世界各主权国家

① UNCSD, *Matters Related to the Organization of Work during the World Summit on Sustainable Development: Draft Decision Submitted by the Chairman on Behalf of the Bureau*, A/CONF. 199/PC/L. 7, 6 June 2002. 该安排包括与各类利益相关者合办的一系列活动、由主要群体和各国政府最高级别代表参与的简短活动以及在国家元首或政府首脑一级举行的圆桌会议的具体细节。

部长级代表参加的全球部长级环境论坛(*GMEF*);二是自2000年起组织与前者平行的由市民社会成员参加的全球公民社会论坛(*GCSF*)①。全球公民社会论坛总是先于全球部长级环境论坛并与之在相同的会议地点召开,以便就某些环境与发展议题先行讨论并向部长级环境论坛提供建议,而部长级环境论坛则一般会对这些建议进行认真的考虑与回应,两者之间往往保持着良好的合作关系。②

因此,"关键的联合国环境机构与方案在向市民社会、私营部门、各种不同的行为体和利益保持开放方面所取得的成就不应当被低估"③。联合国在全球发起并组织了绝大多数环境大讨论,为来自世界各地的不同行为体提供了一种相互讨论和沟通的平台。

2. 为全球环境讨论设立议题,积极促进环境思考范式转变

自20世纪60年代末尤其是1972年以来,环境问题已经跨越国界而成为全球人类的共同经历和感受。但究竟应当如何思考环境问题,进一步说是如何思考和处理人类与自然的关系,人类社会由于各自所处的境况不同,不可避免地会从不同的视角和背景进行探索,发出不同的声音。联合国在汇聚、引导这些探索从而建立一种协调一致的环境思考范式上发挥了主导作用。

以对环境与发展关系的思考为例。尽管1972年联合国人类环

---

① 实际上,有关环境议题的第一次非政府组织国际论坛在1972年联合国人类环境大会主会场外就已经举行了,并在后来的联合国环境大会上延为惯例。但这里GCSF的成立则是由联合国机构亲自组织并正式认可的。

② 关于全球公民社会论坛与全球部长级环境论坛的总体介绍,See UNEP, "The Global Civil Society Forum", available at http://www.unep.org/civil_society/GCSF/index.asp, accessed on 2 July 2007; "Governing Council/Global Ministerial Environmental Forum", available at http://www.unep.org/resources/gov/overview.asp, accessed on 2 July 2007.

③ Donna Craig and Michael I. Jeffery, "Global environmental governance and the United Nations in the 21st century", *Paper presented to European Union Forum: Strengthening International Environmental Governance*, Sydney Opera House, 24 November 2006, P. 2.

境大会在宣言中指出“在发展中国家中,环境问题大半是由于发展不足造成的”,而“在工业化国家里,环境一般同工业化和技术发展有关”。但大会的主要议题在于使人们意识到,“我们在决定世界各地的行动时,必须更加审慎地考虑它们对环境产生的后果。由于无知或不关心,我们可能会给我们的生活与福利所依靠的地球环境造成巨大的无法挽回的损害”,从而使保护和改善环境成为人类“一个紧迫的目标”。① 因此,对环境与发展关系的思考并不是大会的主题,当时的思考主要局限于对人类环境的技术拯救方面。1980 年 3 月,联合国大会发出呼吁,“必须研究自然的、社会的、生态的、经济的以及利用自然资源过程中的基本关系,确保全球的持续发展”②。1983 年秋,第 38 届联合国大会决定成立世界环境与发展委员会(WCED),专门调查研究环境与发展的关系问题;1987 年 WCED 在经过 4 年时间的努力工作后向第 42 届联合国大会递交了研究报告《我们共同的未来》,提出了综合考虑环境、经济与社会发展的“可持续发展”理念,受到国际社会高度评价与重视。在 1992 年里约热内卢联合国环境与发展大会上,探讨并促进“可持续发展”成为联合国设定的主要议题,大会在宣言中提出,“为了实现可持续发展,环境保护工作应是发展进程的一个整体组成部分,不能脱离这一进程来考虑”③。与会代表还达成了促进可持续发展的行动计划《21 世纪议程》。在联合国的努力下,追求可持续发展逐步成为人类社会一种新的环境思考范式、一种新的全球共识。

3. 在全球进行环境教育,促进话语学习、沟通、理解

---

① UNCHE,“Declaration of the United Nations Conference on the Human Environment”,proclaimation 4 – 6.

② 转引自张海滨:《联合国在世界环境与发展事务中的作用》,载《世界经济与政治》,1995 年第 8 期,第 13 ~ 17 页。

③ UNCED,“Rio declaration on environment and development”,principle 4.

在1972年斯德哥尔摩联合国人类环境大会上,环境教育就已经成为与会代表所讨论的重要话题。大会在行动计划的第96条建议中提出,联合国教科文组织和联合国环境规划署应当共同创建有关环境教育的国际项目。① 1977年,在联合国教科文组织与环境规划署筹办的第比利斯政府间会议上,两者共同发起了国际环境教育项目(IEEP);1987年莫斯科环境教育与培训大会又把环境培训附加到了教育项目上。② 1992年《21世纪议程》第36章则概括了环境教育的3项主要内容:朝向可持续发展重订教育方针、增进公众认识、促进培训。③ 1996年联合国可持续发展委员会第四次会议又把环境教育方向明确规定为"可持续"教育。④

环境教育的主要功能,根据联合国教科文组织的界定,在于培育一种能够认识并关注环境及其相关问题的世界居民,使其在个体和集体层次上具备面向解决当前问题或预防新问题的知识、技能、态度、动机、承诺。⑤ 更为深层的内容,则是通过教育体系在社会中培育一种更为宽广的环境世界观⑥以及对这种环境世界观的积极感知,培育一种具有环境责任感的环境公民。⑦

---

① See UNCHE, "Action plan for the human environment", available at http://www.sovereignty.net/un-treaties/STOCKHOLM-PLAN.txt, accessed on 2 July 2007.

② See M. KASSAS, "Environmental education: Biodiversity", *The Environmentalist* 22 (2002), P. 345 ~ 351.

③ UNCED, Agenda 21, chap. 36.

④ See M. KASSAS, "Environmental education: Biodiversity", P. 345 ~ 351.

⑤ UNESCO, *The International Workshop on Environmental Education*, Belgrade, Final Report, IEEP, Paris, ED-76/WS/95, 1975.

⑥ "环境世界观"主要是指共同构成个人对环境以及人类与环境关系的感知的信念、价值、概念,关于其具体阐述, See J. F. Disinger and J. L. Tomsen, "Environmental education research news", in *The Environmentalist* 15/1 (1995), P. 3 ~ 9.

⑦ See M. Hawthorne, and T. Alabaster, "Citizen 2000: Development of a model of environmental citizenship", *Global Environmental Change* 9/1 (1999), P. 25 ~ 43. 他们认为,环境公民的要素包括信息、认识、利害、态度、信念、教育和培训、知识、技能、教养、负责任的行为。

通过在全球层面尤其是针对全球的青年实施环境教育，通过设立诸如世界环境日、世界水日、生物多样性国际日、保护臭氧层国际日等各类纪念日并举办一系列环保推广活动，联合国在提高世界公众对环境保护的认知能力方面发挥了重要作用，促进了世界公众对环境话语的讨论学习、沟通和理解，从而最终有利于既定的环境原则、战略、计划等在全球各层面各领域的贯彻和实现。

二、两者相互制约的一面

相互促进的另一面则是相互制约，甚至可以说，这种促进本身就是对事物发展路径的一种限制，它使得事物朝着某种方向而不是另外一种方向行进。图 3－1 第三、四象限表明了全球环境话语与联合国全球环境治理机制相互制约的一面。

（一）全球环境话语对联合国全球环境治理机制的制约

图 3－1 第三象限表明，在全球环境话语方面的不同理解乃至分化将会限制联合国全球环境治理机制的统一建构及整体运作效果。

正如 WCED 报告中所说的那样，“地球只有一个，但世界却不是”①。世界各国由于所处的历史境域并非均质，其发展水平与文明特征有着或大或小的差异。根据发展水平的高低，一部分国家成为所谓的“发达国家”或“第一世界”，另一部分则成为“不发达国家”、“发展中国家”或“第三世界”；根据地理位置的不同，发达国家由于大多处于赤道以北的北半球，又在总体上被称为“北方”，发展中国家由于大多处于南半球，总体上被称作“南方”。根据文明特征的差异，这个世界又被分成西方文明、儒家文明、伊斯兰文明等不同的部分，西方文明的成员主要是发达国家，其他文明的成员则主要是发

① 世界环境与发展委员会：《我们共同的未来》，第 31 页。

展中国家。因此,尽管同在一个地球之上,各国却处于不同的序列当中,处于不同的“世界”。这使他们往往有着不同的需求重点,有着不同的话语背景和思考方式,对同样的环境问题就会出现不同的理解乃至分化现象。加拿大学者布鲁克斯(D. B. Brooks)就曾指出,在 WCED 提出可持续发展概念后至少出现了 40 种有关“可持续发展”的定义。① 澳大利亚学者约翰·德赖泽克(John S. Dryzek)在《地球政治学:环境话语》中也指出了不同的国家或地区对“湿地”、“自然”、“环境”、“荒野”等环境术语经常会产生不同的理解与解释,②而“对自然以及自然的社会意义的理解”往往却是全球环境政治的一个关键问题。③

对发达国家或者说北方国家而言,他们一般都是技术革新、工业化进程的先行者、推动者、受益者,往往处于全球化进程的核心位置,有着较强的避免工业化、全球化所带来的风险的能力;他们往往能够以一种全球化的视野、一种较强的参与精神和能力加入到全球事务中来。由于已经达到一种较高的经济发展水平和认知水平,他们现在所关注的一项重点内容是如何获得或保障高质量的生产和生活环境,他们不仅以人类中心主义的方式而且还以近似于生态中心主义的方式来考虑自然及其社会意义;在全球化的世界上,有关世界人类命运与福祉的全球环境问题自然成为这种关切或思考的一部分。关于联合国全球环境治理机制的建设及运作,发达国家注重的是其效力或效果,也即倾向于探查该机制具有什么样的缺陷、优势以及解决问题的能力,对与这些缺陷、优势以

① D. B. Brooks, “The challenge of sustainability: Is environment and economics enough?”, *Policy Sciences* 26 (1992), P. 408.

② See John S. Dryzek, *The Politics of the Earth: Environmental Discourses*, P. 1 ~ 5.

③ Ronnie D. Lipschutz, *Global Environmental Politics: Power, Perspective, and Practice* (Washington, D. C.: CQ Press, 2004), P. 4.

及问题解决能力有关的因素或原因的发现被认为是对机制设计有着重大意义。[①] 发达国家一般认为,发展中国家在环境事务方面的不负责任是造成联合国全球环境治理机制效率偏低甚至失效的主要原因。

但对于发展中国家或南方国家而言,他们一般是工业化进程的跟随者、模仿者,处于全球化进程的边缘,处于一种致力于国家建设即秉持国家利益至上观念、维护国家主权独立、加强社会凝聚力、保持政治稳定、大力发展民族经济、恪守甚至强化本民族文化特色的阶段。他们所需要的往往是依靠持续的经济增长和自然开发才能提供的更多的生产和生活资源,环境事务对发展中国家而言被当成是发达国家的"奢侈品",贫穷才是他们所谓的"最大的污染"。[②] 对于联合国全球环境治理机制的建设及运作,发展中国家往往注重的是其合法性问题,也即倾向于探查该机制在决策制定过程与程序方面所体现出来的代表性,这种决策过程与程序被认为应该在国际层次上规制公共权力的运行,确保人们能更好地掌握决策制定受制于法律规则的程度。[③] 发展中国家一般认为,贫困是环境问题的主要根源,发达国家在提供资金与技术方面的不合作、在贸易方面以环境标准所施加的种种限制使得联合国全球环境治理机制运作困难、效果不佳。

与这种关注点的不同相比,更为糟糕的是在发达国家与发展中国家或者说南北双方之间已经逐步形成了一种有关环境问题的知识分化现象。也即,由于南北双方关注点的不同,更由于双方在产

① See Steinar Andresen and Ellen Hey,"The effectiveness and legitimacy of international environmental institutions",P.218～220.

② See Maurice F. Strong, *Hunger*, *Poverty*, *Population and Environment*.

③ See Steinar Andresen and Ellen Hey,"The effectiveness and legitimacy of international environmental institutions",P.220～223.

生和建构有关环境问题的新知识方面的能力有着较大的差异,不论是在环境问题的研究资源、研究团体,还是有关环境问题的科研成果或产出方面,南北双方之间的鸿沟越来越大。[①] 结果是,凭借着较强的知识基础,北方发达国家在全球环境议程上的活动能力越来越强,发言权越来越大,所谓的"负责任"形象也越来越清晰;由于知识基础较差,南方发展中国家在全球环境议程中的身影则越来越微弱,有关全球环境问题的所谓"全球"知识对南方来说越来越缺少代表性,南方发展中国家也就不太可能平等地参与到全球环境议程中去。[②] 在1996年的联合国政府间气候变化专门委员会(IPCC)中,第一工作组有158位专家来自美国,61位来自英国,7位来自中国,3位来自印度;第二工作组与第1工作组相似;第三工作组有30位专家来自美国,5位来自英国,7位来自印度,2位来自中国。[③] 很明显,与北方发达国家相比,南方发展中国家的参与比例非常小。

为了表示对南方发展中国家参与全球环境事务的重视,提高南方发展中国家参与全球环境事务的积极性,联合国曾在成立环境规划署时专门把其总部设在了肯尼亚首都内罗毕,但由于北方发达国家在环境话语方面的强势地位,有关全球环境事务的探讨与实践也主要是集中在诸如美国、加拿大、法国、英国、德国等北方发达国家,联合国后来组织的大量全球环境公约或多边环境条约的秘书处绝大多数即设在了北方发达国家,这对联合国全球环境治理机制的整体协调与运作造成了或多或少的障碍。

因此,从某种意义上说,在全球环境话语方面的不同理解乃至

---

① See Sylvia Karlsson, "The North - South knowledge divide: Consequences for global environmental governance", in Daniel C. Esty and Maria H. Ivanova (eds.), *Global Environmental Governance: Options & Opportunities* (Yale School of Forestry & Environmental Studies, 2002), P. 62.

② Ibid., P. 56 ~ 63.

③ Ibid., P. 62.

分化会使联合国在环境目标设定、环境事务安排上遭遇困难，从而会限制联合国全球环境治理机制的统一建构和整体运作效果。

（二）联合国全球环境治理机制对全球环境话语的制约

图 3 - 1 第四象限表明，联合国全球环境治理机制关于全球环境事务讨论模式的限定将会制约讨论的广度和深度，这里所说的讨论模式主要包括参与讨论的行为体、讨论的方式与程序两个方面的内容。

1. 对参与讨论的行为体的限定

联合国及其专门机构在召集和举行有关全球环境事务的讨论方面，尽管在不断地扩大非政府组织、私营机构、其他各类行为体的参与，也明确了联合国与非政府组织具有“天然同盟”关系，但它仍然首先是以各个主权国家作为最主要的行为体的，首先保证的是各主权国家的参与。在 2002 年可持续发展世界首脑大会的代表安排上，联合国可持续发展委员会规定每个“圆桌会议”的席位是 70 个，而且首先保证 50 个国家首脑级代表的席位，其次才将剩余的 20 个席位分配给其他代表，这 20 个席位还要优先分配给联合国各有关机构或专业组织的代表。对于参加会议的非政府组织、私营机构以及其他代表，他们也必须获得联合国及其专门机构的认可方能参加大会讨论。①

2. 对讨论方式与程序的限定

联合国所组织的讨论通常会被分成几种形式，包括全体会议、圆桌会议、非政府组织及相关利益者参加的论坛或其他活动等。在全体会议上往往先进行一般性的发言，然后进行一般性的辩论，代表发言的时间也受到限定；尽管发言者名单是通过抽签方式确

---

① UNCSD, *Matters Related to the Organization of Work during the World Summit on Sustainable Development: Draft Decision Submitted by the Chairman on Behalf of the Bureau*, A/CONF. 199/PC/L. 7.

定的,但发言的顺序则是首先确保主权国家的高级别代表发言,然后再视情况安排其他代表团的主要代表发言。与全体会议相比,圆桌会议虽然规模较小却更显重要,因为它主要是由主权国家的高级别代表参加,往往会就具体的环境事务展开辩论,有可能取得一些实际的成果;尽管非政府组织等其他代表也有可能受邀参加圆桌会议,但他们通常并不能在圆桌会议上发言;各圆桌会议主持人则由会议组织者按照地缘区域范围邀请。与全体会议和圆桌会议相比,非政府组织及相关利益者参加的论坛或其他活动一般比较简短,其召开往往需要得到联合国及其专门机构的支持,其成果也要得到联合国及其专门机构或主权国家集体层面的认可才能发挥特定的作用。

仍以对2002年可持续发展世界首脑大会的安排为例。在8月29日至30日全体会议的一般性发言中,发言者名单是依照传统程序确定的,即先保证部长发言,然后由其他代表团团长和观察员发言。在9月2日至4日全体会议的一般性辩论中,参加者主要是国家元首或政府首脑,发言的时间限制在7分钟以内。在与一般性辩论同时举行的4个圆桌会议上,除了安排国家元首或政府首脑发言外,还邀请数量有限的联合国机构的负责人发言,非政府组织或其他代表尽管被邀请参加圆桌会议,但并没有发言权;4个圆桌会议的主席则分别来自亚洲集团、东欧集团、拉丁美洲和加勒比集团、西欧和其他国家集团。大会在9月4日闭幕前还举行了由主要群体、政府最高代表参加的多方利益相关者的简短活动,以重申对会议成果的承诺。①

因此,在参加全球环境事务讨论的行为体、讨论方式与程序方

---

① UNCSD, *Matters Related to the Organization of Work during the World Summit on Sustainable Development: Draft Decision Submitted by the Chairman on Behalf of the Bureau.*

面,联合国实际上仍然主要遵循了传统的讨论模式,把主权国家间的对话放在了最重要的位置。而全球环境问题作为全球化时代的新问题,并没有特定的边界,不会因人为划定的政治界线而裹足不前。以主权国家或其相应集团的政治界线作为参照系的全球环境事务讨论模式,往往会把传统的国家中心主义的价值观渗入到新问题的讨论之中,仍然是把同一个地球划成了不同的世界,因而限制了话语讨论取得广泛、深入进展的步伐。

三、两者相互关系的建构性

通过上文论述可以看出,全球环境话语与联合国全球环境治理机制之间存在着相互促进与相互制约两种形式的作用关系。而且,我们认为,经过以下几个方面的判断,这种作用关系的实质可以被归结为建构性质。

(一)两者相互塑造

"建构"主要指涉的是两个相关因素中一方对另一方的塑造作用,一方最终构造了另一方并促成对方的存在,但同时也制约着对方的存在状态、发展轨迹。

在上文全球环境话语与联合国全球环境治理机制两种形式的相互作用当中,有关全球环境事务的大讨论及其所达成的共识与通则、所树立的主要价值与观念赋予了联合国全球环境治理体系特定的身份和意义,并帮助其设计了行动路线图;而且,这些共识、通则或主要价值与观念还直接转化为联合国全球环境治理机制的重要原则。联合国全球环境治理体系则为讨论全球环境事务提供了平台、设立了议题,并通过在全球构建教育体系实施环境教育来促进世界公众对环境观念、价值、共识、通则等的学习、理解与沟通,有可能促进全世界环境思考范式的进步或转变;而且就目前实际来看,有关全球环境事务的许多共识与通则,也主要是在国际组织尤其是

联合国这样的全球性组织的推动下达成或取得进展的。

另一方面,联合国全球环境治理机制的建设及运作又有可能受到话语分化的不利影响,对全球环境事务的讨论也会受到联合国全球环境治理机制某些传统的选择性限制。

因此,无论从二者哪一方的角度来看,一方既构建并促成了对方的存在,又制约了对方的存在状态和发展轨迹;也即,两者都在不断地形塑对方。

(二)两者互动过程的同一性

由于全球环境话语与联合国全球环境治理机制都在不断地形塑对方,其促进或制约是相互的,两者实际上就同处于一种持续的相互调适过程或进程之中。

联合国全球环境治理机制可能会不断地通过环境治理实践来检验环境话语的真实性、可靠性,推动环境话语逐渐朝着增加深度和广度或其他的某种方向发展;反过来说,环境话语也会把这种实践作为自己的讨论对象和思考范畴,不断地通过更新自己的思考范式,为构建、加强或转变联合国在全球环境事务方面的制度建构做出努力。

(三)与因果关系的区别

因果关系的成立往往需要具备以下要素:在空间概念上,关系的双方是相互独立存在的;在时间概念上,一方必然要先于另一方发生;在预期上,如果没有此一方,另一方就不会发生。因此,因果理论主要用来解释"为什么"之类的问题。但建构关系则不同,关系的双方往往是同时存在甚至相互包含、相互依存的;更重要的是,一方会为另一方构建起特定的情境并赋予其相应的意义。因此,建构理论主要用来说明"是什么"和"怎样如此"之类的问题。①

---

① 〔美〕亚历山大·温特:《国际政治的社会理论》,第96~108页。

对全球环境话语与联合国全球环境治理机制而言,我们不太可能把两者截然分离开来,断然说一方的存在和发展不必借靠于另一方,或者说独立于另一方。无论从前文两者变迁历程的关联比较当中,还是从上文两者相互促进与制约的作用当中,我们都能发现,每一方都有可能把自己独特的内容或价值嵌入到对方中去,二者在某种层面上是相互包含相互依存的。而且,每一方的进展或演化都会成为对方运作的特定场景,一方只有在另一方相对存在的情况下才能具备或展示其特定意义。

因此,根据建构主义理论有关建构概念、互动过程等内容的阐释以及建构关系与因果关系的区别,我们能够判定,两者间所存在的相互关系主要是一种建构性的而非因果性的作用关系。

第三节　两者相互关系的解析:主要变量与基本过程

上文已经明确,全球环境话语与联合国全球环境治理机制之间存在着一种相互建构的作用关系,那么我们就可以从建构主义理论的某些视角出发,尝试对两者间的这种相互建构关系做更加深入的剖析,从而回答以下两个问题。一是影响两者相互建构的主要变量是什么,二是两者相互建构的基本过程或者说进程又是怎样的。如此,我们就可最终弄清楚两者间所存在的相互关系究竟是如何形成或展开的这样一个问题。

一、影响两者相互建构的主要变量

之所以说“主要”变量,是因为,这些变量并不能涵盖两者相互建构进程的所有要素(而且在复杂的全球环境事务中完全实现这一目标的可能性并不大)。但通过它们,我们仍然可以初步了解是谁、

会在什么样的情况下、可能通过什么样的中介手段进行这种建构或者说展开互动过程。

(一)背景:环境灾害事件及其所形成的问题情境

尽管许多建构主义学者并没有非常明显地专门论述"情境"因素问题,但他们大都通过不同形式的阐述强调了情境因素所具有的建构作用。奥鲁夫认为行为体"是在一系列不同的情境下做出选择的。"①德国学者弗里德里希·克拉托赫维尔(Friedrich Kratochwil)在分析文化与认同问题时则把这些情境暗喻为文化之舟穿行于其上的"大海"与"波浪"。② 亚历山大·温特对无政府文化以及互动进程、行为体身份的论述也是从特定的情境出发的,这些情境可能是自然发生或者说客观存在的,但它们仍然需要行为体对其"加以界定",所以这些情境又是主观建构起来的;特定的行动逻辑也只有在相应的情境中才能发挥有效作用。③

在全球环境事务当中,首先是环境灾害事件不断地凝聚着人们的注意力并促使其关注程度持续变化。这些灾害事件既有自然因素引发的自然灾害,又有人为因素造成的环境灾害。自然灾害包括地震、火山活动、山崩、海啸、飓风、大火、雾霾、洪水、干旱、沙尘暴、虫害等等,比如1997到1998年间厄尔尼诺事件所造成的干旱、暴风雨和洪水;人为因素导致的环境灾害则主要出现在交通运输、化学品、核动力等部门,较有影响的人为环境灾害比如1984年发生于印度博帕尔一家化学工厂的化学物质渗漏、1986年前苏联的切尔诺贝利核事故、1989年阿拉斯加的埃克森·瓦尔迪兹号石油泄漏事件。

---

① 尼古拉斯·奥鲁夫:《建构主义:应用指南》,载〔美〕温都尔卡·库巴科娃、尼古拉斯·奥鲁夫、保罗·科维特主编:《建构世界中的国际关系》,第71页。

② 〔美〕约瑟夫·拉彼德、〔德〕F.克拉托赫维尔主编,金烨译:《文化与认同:国际关系回归理论》,浙江人民出版社2003年版,第275~306页。

③ 〔美〕亚历山大·温特:《国际政治的社会理论》,第229~237页、第313~417页。

所有这些灾害都可能会使人类、生态系统以及动植物等暴露于威胁之中,[①]甚至会破坏社会机能,造成人类、物质等方面的重大损失。根据《全球环境展望-3》的资料分析,20世纪90年代的重大自然灾害与60年代相比增加了3倍,经济损失增长了9倍;90年代遭受自然灾害的人口与80年代平均每年1.47亿人相比增加到每年2.11亿人,且其中90%是来自于诸如干旱、暴风雨、洪水之类的水文气象事故。[②]

环境灾害事件的重复出现能够为人们构建起特定的问题情境,这些情境又继而成为规约和影响人们有关全球环境事务的思考、对话、行动的背景条件。一般来说,同类环境灾害事件的频繁发生首先会使人们意识到问题的严重性,为其造就一种危机感,进而促使人们考虑如何构建相应的危机应对机制与规则。例如,受到一系列工业事故尤其是1984年印度博帕尔事件的影响,国际劳工局(ILO)意识到工业事故会对人类和环境产生重大影响,因此在1993年制订了有关预防重大工业事故的公约,呼吁国际社会就相关信息进行国际交换,制订有关预防和解决意外事故的风险性、危害性及其结果的政策。[③]

环境灾害事件范围与类型的不断扩大则可能促使人们思考问题的根源,转换思考方式,进一步从长远角度考虑或展开危机应对机制与规则的完善与强化进程,从而建构起处理现代社会所面临的环境风险的一系列政治措施。比如,主要自20世纪60年代开始,联合国为应对日益扩大的环境灾害付出了持续努力。它在70到80年代形成了"灾害准备"概念,试图通过训练和组织一些跨部门行动来提高灾害发生时和发生后的营救、救济和重建能力;联合国还把20世纪90年代命名为"国际减灾10年",力图通过构筑一种科学的、

---

① UNEP, *Global Environmental Outlook* 3, P. 270.

② Ibid., P. 270~271.

③ Ibid., P. 273.

技术的机制在世界上培育一种灾害预防文化,并在全球层面上建立起将防止灾害纳入到可持续发展、进而实现从灾害预防到风险管理的国际减灾战略。①

环境灾害事件所带来的危机往往又会在不同的历史与社会境况下不断扩散,并与某些历史和社会问题相联结相渗透,形成更为复杂的问题情境,从而影响了人们对环境问题的理解,影响到各种环境问题的处理效率与效果。由于发达国家在物质与技术力量上相对强大,处理环境灾害的能力比较强,环境灾害给这些国家所造成的政治、经济等各方面的冲击相对较小;而发展中国家或者说物质、技术力量相对脆弱的地区应对环境灾害的能力则比较低弱,环境灾害给这些国家的生产、生活乃至政治与社会秩序往往会造成较大的冲击,这些国家及其人民在面对环境灾害所造成的冲击的过程中,就会把处理环境问题的低弱能力与经济上的贫困、物质与技术上的脆弱联系起来,把快速发展经济(往往以对资源和生态环境的高速度及大量开发、破坏为代价)作为唯一有效的诉求手段,进而又会把问题联结到不公正的国际经济秩序以及发达国家对发展中国家的殖民与侵夺历史上。

因此,包括自然灾害与人为灾害在内的一系列环境灾害事件所构建的问题情境或者说危机情境,既能转化成人们思考与对话的主要议题和内容,又在不断地驱动人们朝着制定并实践更为广泛的环境目标、原则、机制与战略而付出持续的行动努力。

(二)跨越边界的行为体角色:政治家、专家、企业家与活动家

建构主义认为,行为体与社会之间是相互建构的,"人构建了社会,同时社会也构建了人。这是一个持续性的双向过程"②。而"国

---

① UNEP, *Global Environmental Outlook* 3, P. 274.

② 尼古拉斯·奥鲁夫:《建构主义:应用指南》,载〔美〕温都尔卡·库巴科娃、尼古拉斯·奥鲁夫、保罗·科维特主编:《建构世界中的国际关系》,第69页。

家也是人”，[①]所以，传统上由国家互动而生的国际关系领域仍然是一种自成一体的社会体系，是由人所构建而成的世界。这种世界作为一种社会结构，它“之所以能够存在、产生作用和发展，完全是由于个体施动者及其实践活动”[②]。同样，对某种文化而言，“如果文化只是在意愿和信念存在的条件下才能存在，那么，文化的作用也只有通过行为体行为才能产生”[③]。如果我们把规范也看成是一种共有信念，那么，“只有通过行为反映出来的规范才能够产生作用”[④]。因此，在建构主义的世界里，行为体及其实践活动发挥着重要的创设和构筑作用。

在全球环境问题领域或全球环境事务当中，无论是对话语探讨、环境机制建设还是两者的相互建构而言，不同类型的行为体都各自或集体发挥着相对不同的建构作用。但全球环境事务的复杂性却使其中的行为体分类相对困难，因为活跃的行为体常常在各领域间穿梭。因此，我们可能会发现，要辨明不同行为体在全球环境事务中的作用，往往需要交织使用多种不同的行为体类别标准。下面将首先对这些行为体进行分类，然后再分析其不同作用。

1. 对全球环境事务中行为体的分类

依其外在特征，这里大致可以提供 4 种分类。一是根据行为体的联结特征可以将其分为个体和团体；个体行为体可能是个人，也可能是与某种国家或组织集团相对应的某个国家、组织；而团体行为体则可以是由个人组成的群体，也可以是由国家或组织构成的集团。二是根据政治性质分为政府行为体和非政府行为体；政府行为体主要是指主权国家及其政府、次级政府；非政府行为体则可以是政府以外的各种行为体，既包括个人，也包括非政府组织或者市民

---

① 〔美〕亚历山大 · 温特：《国际政治的社会理论》，第 272 页。
② 〔美〕亚历山大 · 温特：《国际政治的社会理论》，第 230 页。
③④ 〔美〕亚历山大 · 温特：《国际政治的社会理论》，第 231 页。

社会。三是根据部门特征可以分为政治、工商、科技等各部门行为体。四是可以根据活动层次分为全球、区域、国家、地方3种层次的行为体。但这些分类也只能是相对的,因为行为体对全球环境事务各具体领域边界的穿越可能会使他们同时符合以上多种不同的类别标准。

行为体的不同类型,往往意味着他们会有不同的利益追求。在一般情况下或者说在传统议题领域,不论个体还是团体,为塑造自身属性或维持其存在,首先要求、维护和扩大自身利益。因此,我们在国际舞台上所看到的剧幕通常是由力求保持主权独立的国家及其代表、秉持自己特殊价值和信念的个体或群体编排的。这些行为体在思考和行动上往往将自己局限于传统的政治边界或自己划定的特殊边界之内,并试图在这些边界之间保持一种清晰的界线。但在一系列的环境灾害事件及其建构的特定危机情境下,环境事务与传统议题领域有着明显的差异,在环境事务当中,传统议题领域的许多要素都有可能跨出自己原有的问题界线,原来局限于国家政治边界内的森林、动物、植物、水体、荒野等许多资源都有可能被珍视为“人类的共同遗产”①。因为对那些传统的人为边界而言,大自然并没有为生态环境划定边界,它往往是一个整体。环境危机情境使全球人类面临着共同的威胁,承负着一种共同的命运或使命。因此,不管是什么样的行为体,都有可能在全球环境事务中穿越他们原有的政治或其他形式的边界,为了保护和治理全球环境这一人类的共同事业进行合作。20世纪90年代以来日益迅速的全球化进程无疑增大了这种可能,甚至有可能使人类趋向一种真正的共同体。

---

① Marvin S. Soroos, “The tragedy of the commons in global perspective”, in Charles W. Kegley, Jr. and Eugene R. Wittkopf (eds.), *The Global Agenda: Issues and Perspectives*, 6th edition, reprint edition (Peking: Peking University Press, 2003), P. 497.

2. 行为体所承担的 4 种角色

在全球环境话语与联合国全球环境治理机制的相互建构进程中，各类行为体在总体上需要承担4 种不同角色。如果允许的话，可以把他们形象地称作政治家、专家、企业家与活动家。

（1）政治家角色：政治家角色意味着行为体在全球环境事务中发挥决策作用、管制作用、领导作用，承担风险与责任。只有他们对来自国际社会的呼声乃至压力做出及时、有效的回应，认可、接纳某种环境价值和观念，这些所谓的压力、价值、观念才有可能真正进入联合国全球环境治理机制运作之中，并转化为环境机制的政策输出。而且通过表明其对全球环境问题或事务的立场与态度，或承诺或背弃，或赞赏或冷漠，就可能会对国际社会的环境讨论与思考起到一定的促进或抑制作用。决策与管理的另一面则意味着承担风险与责任，尽管全球化进程使得风险与责任共担在全球环境事务中正成为一种难以避免的趋势，但全球环境治理所带来的风险与责任并不可能均匀地落在所有行为体身上，因为不同的行为体对责任与风险的认知能力、敏感性、脆弱性不尽相同，甚至有着较大的差异。但不论是在传统政治概念还是现代治理观点当中，政治家角色都通常是风险与责任的当然承担者，尤其是在需要深化环境讨论与思考、强化和改进联合国全球环境治理机制的效力或效果从而真正推进全球环境事务的背景下。

（2）专家角色：专家角色主要是说行为体可以凭借其专业特长为全球公众、国家、国际组织等拓展全球环境事务以及扩大政治参与提供相关信息与专业服务。这些有着专业背景与特长的行为体往往能够跨越不同的政治边界组成紧密的工作团队或共同体，就某些突出的问题或有针对性的研究议题合作攻关；通过不断的合作与交流，他们通常会形成共同的思考或研究范式，逐步建构起完备的专业知识与信息体系。在全球环境政治当中，许多行为体正是由于具备了环境方面的专业知识与信息,或者能够对环境问题及其相应事务进行系统、深入的观测、研究、思考,才能提出特有的环境价值与观念,进而引导社会讨论;并凭借其专业权威向政府、社会、企业(公司)、国际组织提供评估、指导或政策建议,从而直接或间接地影响各类行为体的相关活动。迄今为止,联合国系统各专门机构以及各民族国家或区域组织大都已建立起了较为完备的环境风险评估或环境影响评价体系,来自科学研究领域的专家则往往是这些体系的骨干力量。

(3)企业家角色:企业家角色则需要行为体充当某种环境价值与观念的践行者,充当联合国环境治理原则、战略、政策的执行者、实验者。行为体通过对某些价值观念、治理原则、战略等内容的执行和实验,往往能够检验其可行性、合理性,修正内部缺陷,帮助其确立或突出现实意义,从而促进全球环境话语与联合国全球环境治理机制在特定背景下的契合过程。另一方面,企业家角色通常还蕴含着一种坚韧的、务实的事业精神。在全球环境事务的拓展过程中,既使遭遇种种阻力,行为体也往往能够在这种精神的鼓舞下不断地付出现实的、具有建设意义的努力。在企业家角色中,活跃于工商业领域的、不论是政府间还是非政府间的国际组织、跨国公司都特别值得关注。这些组织或其成员不仅是最终的环境价值或观念的体现者、环境标准的执行者,更是资源开发、生态破坏、环境污染或消耗公共环境空间资源的主体,他们的活动往往遍布全球,生态足迹(ecological footprint)巨大①,没有他们的参与,各种环境治理

---

① 生态足迹(ecological footprint)主要是一种关于人类对生态系统压力的估计,以"地区单位"来表示。每个单位对应于用于生产人类消费需要的食品和木材、人类所用的基础设施、用于吸收燃烧化石燃料所产生的二氧化碳的生物产出用地的公顷数;不同的行为体有着不同的生态足迹,这里所说的生态足迹,即指这些国际组织或其成员、跨国公司对全球或当地生态系统所造成的影响。UNEP, *Global Environmental Outlook* 3, P. 36.

原则与目标就无法得到最终的、有效的落实。也正是由于这些组织及其成员与全球环境事务有着紧密的利益相关性，他们可以提出自己对环境事务的特殊见解与要求，从而影响组织成员以及其他各类行为体有关环境事务的决策与执行。因此，世界贸易组织、世界银行、可持续发展世界工商理事会等国际组织，甚至像壳牌石油、杜邦之类的大型跨国公司都可以在全球环境事务中发挥重要作用。

(4)活动家角色:活动家角色则指明行为体可以在全球环境话语讨论以及联合国全球环境治理机制建构中发挥倡议和协调作用，也即提倡或引入某种环境价值、观念，引导社会思考与讨论，甚至促进政策变革;促使或保持世界公众尤其是全球市民社会同联合国在全球环境事务中相互关注与合作，使得环境治理与保护、协调人类与自然关系成为国际社会的一种共同的事业。这些行为体在组织或参与形式上既可以是个体也可以是团体，甚至在全球化时代所提供的信息沟通技术条件下采取新型的网络联结方式。他们既能相对独立地活动、发出自己的声音，也可能会参与联合国组织的环境讨论或治理行动，甚至参加到联合国专门机构当中。所使用的具体方法可以是辅助性的，如提供信息与专业服务、建议、示范，也可以是压力性的，如游说、游行、示威抗议等。

在全球环境事务中，能够充当政治家角色的行为体主要是国家或其政府、各种全球或地区性的政府间国际组织，以及它们的代表。充当专家角色的行为体明显是来自于自然科学以及社会科学领域的研究者们。充当企业家角色的行为体则往往来自于工商业领域以及这些领域的专业性(政府间或非政府间)国际组织，既包括工商企业(公司)及由其组成的国际组织或协会，也可能包括世界银行、联合国开发计划署、世界贸易组织这样的国际机构。充当活动家角色的行为体主要是国际非政府组织及其成员，往往来自于科学界、媒体、基金会、教会或行会组织等。① 但正如前文所述,这些角色间的边界也并非牢不可破,而是可以移动和穿越的。这种穿越不仅仅表现在行为体可以跨越现有的政治或民族边界联合行动,②更表现在他们在特定情境下从某种角色到另一种角色的转换上,比如来自于科学界的专家们往往可以在各种环境运动中充当起活动家的角色。又如,欧盟不仅以企业家精神在区域环境治理中取得了突出成绩,还力图以活动家角色在国际或全球层面上推动环境合作。它以自身的成功实践为示范,为倡导和促进全球环境事务合作付出了持续的努力,尤其是在一系列联合国环境公约的提议和签署方面。通过自身的环境成就以及全球环境事务合作方面的努力,欧盟也就为自己建构起了一种负责任的政治家形象。

(三)中介要素:多样化的规则

建构主义学者在思考人与社会或者行为体与结构的建构进程时,往往都要强调两者相互建构的中介要素。因为在建构主义的世界中,"始终处于相互建构状态下的"人和社会或者说行为体与结构都是"已经存在的,并开始发生着变化",③它们一般都不能被当做独立因素,在时间上也没有先后,都只能凭借对方的存在而存在。④ 因此,必须寻找必要的中介要素并以之作为分析或说明建构主义内容的切入点。奥鲁夫认为"规则"是"始终将其他两个要素连接在一起

---

① 参见〔美〕玛格丽特·E.凯克、凯瑟琳·辛金克:《超越国界的活动家:国际政治中的倡议网络》,韩召颖、孙英丽译,北京大学出版社2005年版,第11页。

② 许多环境主义者在环境保护行动中形成了跨国合作的联系网络,玛格丽特·E.凯克和凯瑟琳·辛金克专门论述了跨国倡议网络概念,描述了跨国倡议网络在环境保护领域的具体进展情况,并认为这种跨国倡议网络有助于国家主权实践的转变。详细内容可参见〔美〕玛格丽特·E.凯克、凯瑟琳·辛金克:《超越国界的活动家:国际政治中的倡议网络》。

③ 尼古拉斯·奥鲁夫:《建构主义:应用指南》,第69页。

④ 〔美〕亚历山大·温特:《国际政治的社会理论》,第96~108页。

的第三个要素”，社会规则“建构出了某种过程；通过这个过程，人和社会以持续不断和互补的方式相互建构着对方”①。温特则特别强调文化选择的中介作用，并为之建立了模仿与社会习得的简约模式，而模仿与习得的主要内容实际上就是一种文化规范，也即有关“应该如何、为什么如何”的内容；这种文化规范往往要通过强迫、利己、合法性 3 个不同等级程度的内化才能在行为体身份与结构变化进程中产生作用。② 如果在通常意义上可以把所谓的“规则”或者“规范”视为具有相同内涵、并可用“规则”通称的话，那么，形象一点说，规则在建构进程中就可以被视作具有一种能够联通部件的“联结销”似的作用，也即，它用自己的方式把相互建构的双方联结了起来，或者说使双方在作用上相互关联，从而一方可以顺利地以其为介质作用于另一方。

根据奥鲁夫的观点，这些规则可以被概括为 3 大类，即指导性规则、指令性规则、承诺性规则。指导性规则往往是有关事务本来面目的信息，以及可以如何应对和处理这些信息的指南；指令性规则却具有更强的规范效应，它通过指令形式告诉行为体必须如何作为或行动从而使其形成相应的行为模式；承诺性规则意味着诺言和回应，行为体可以从这种持续的诺言和回应中知晓他们自己相对于其他行为体的“权利”和“义务”。3 种规则能够在建构进程中相应地发挥指导、指令和承诺功能。③

全球环境话语与联合国全球环境治理机制作为相互建构的双方，自然也需要以规则作为联结项。这些规则同样也可以被分成指导性规则、指令性规则、承诺性规则 3 大类。

1. 指导性规则

---

① 尼古拉斯·奥鲁夫：《建构主义：应用指南》，第 69 页。

② 〔美〕亚历山大·温特：《国际政治的社会理论》，第 313 ~ 458 页。

③ 尼古拉斯·奥鲁夫：《建构主义：应用指南》，第 79 ~ 81 页。

就此类规则而言,联合国及其专门机构所召开的一系列有关全球环境问题的会议及其所通过的各类声明、宣言、计划等文件,所发布的各类全球环境年鉴或报告,往往会提供大量的专门信息,使世界公众以及专业人士获得了解全球环境事务的机会;更重要的是,这些文件、年鉴或报告往往能够提供一般的原则或对策选项,从正反两方面告知世界公众当前环境治理所存在的缺陷和今后努力的重点方向,因此,各类行为体就可以把这些信息或选项作为一种思考、讨论甚或行动的指南。反过来说,各类行为体依据这些信息或选项所获得的思考和讨论成果就有可能切中要义,对联合国全球环境治理机制的建设产生特定的影响。

2. 承诺性规则

这类规则比指令性规则更集中性地体现于各类有关全球环境事务的声明或宣言当中。国际社会可以通过这些声明或宣言肯定或否定联合国在全球环境事务中所承担角色的重要性,并做出是否为联合国继续充当或进一步加强这种角色提供应有的政治、财政或其他各种支持的承诺。联合国则可以通过声明或宣言对国际社会所发出的声音做出回应,为自身已经和将要承担的各种角色做出应有的许诺。

3. 指令性规则

与能够提供大量选项、承诺的指导性、承诺性规则相比,国际社会已在诸如全球气候、臭氧层保护、生物多样性等全球环境事务的各专门领域达成了一系列全球性的多边条约或协议,虽然它们所发挥的指令功能并不强大,其效力也往往受到主权原则及其实践的较大限制;但如果没有这些功能尚未得以有效发挥的指令性规则的存在,或者说如果缺乏一种达成某些更有力的指令性规则的期望和希望,那么,全球环境治理行动或其实践结果便可能无法得到有效的推进。全球环境话语与联合国全球环境治理机制的相互建构进程也将因此失去意义。

在这3种规则中，指导性规则与承诺性规则可能通过利己、合法性两种等级程度的内化起作用。“利己”程度的内化表明两种规则都有利于建构双方的存在和属性，而且建构的双方仍然具有选择的自由；当然，这里所说的“利己”并不排斥有利于众多成员构成的团体或者说群体性的自我。“合法性”程度的内化说明建构的双方之所以愿意接受某些信息、指南或者做出承诺，是因为双方可能肯定、认可对方的价值。指令性规则可能首先要通过强迫等级的内化才能起作用，也就是说，不接受就意味着惩罚，然后才能在长期的接受和实践当中寻找到利益共同点与共识。

综上所述，问题情境、行为体角色、规则3个方面构成了影响全球环境话语与联合国全球环境治理机制相互建构的主要变量。问题情境可以向我们说明这种建构过程会在什么样的情况下发生，行为体角色则告诉我们展开这种建构过程的主体或参与者可能是谁，规则又为我们指明了这种建构过程的中介要素。但其中需要注意的一点是，上文在分析这些变量时是把它们相对分离开来加以阐述的，而实际上，这些变量或要素在整个建构进程当中往往是联结在一起的，或许这种联结才真正使它们成为两者相互建构的共同基础。通过下文对两者基本建构过程的阐述，我们或可进一步了解这些变量或要素发挥作用的一些情况。

二、两者相互建构的基本过程

建构主义认为，不论是人与社会还是行为体与结构，两者都是在一种持续的建构进程或互动过程中构建起来的，如果脱离这一进程，双方都将无法得到有力的支撑。因此，进程对于动态地、完整地理解建构问题有着重要意义。对全球环境话语与联合国全球环境治理机制而言，也正如本章第二节所讨论的那样，两者实际上同处于一个相互作用的进程之中。分析这一进程的含义,也就最终回答了两者间所存在的相互建构关系究竟是如何形成或展开的这样一个问题。为了清晰地认知和理解这一进程,笔者将在不同的层面上对其加以解析。但下文也将同时说明,笔者对于每个层面的阐述仍旧带有总括性质,并未详论其中每一个细节。更重要的是,这些层面之间仍然具有一种持续性的相互交织作用或者说不可分割的内在联系,必须被看成是一个总体。这些层面主要是指政治过程、科学过程、经济与社会过程,围绕全球环境问题或事务的讨论和建构努力即主要是在这 3 个过程进而在这 3 个过程的交织作用上展开的。

(一)政治过程:从权力到权威

全球环境事务的政治过程在总体上意味着一种从决策及管制权力到治理权威的变化过程。导致这一变化的问题情境主要是全球环境危机的无边界特征与主权国家政治边界的稳定性相冲突,但这种冲突却进一步成为变化过程的主要动力。推动这一变化过程的行为体角色主要是那些来自于国家及其政府、政府间国际组织的政治家们,但并不完全是政治家,因为还有其他许多角色的参与。其中介手段是包括指导性规则和承诺性规则在内、但主要是朝向指令性规则的讨论协商以及谈判等一系列规则的建构活动。

全球问题的研究者们一直都在努力表明,全球环境问题没有边界,它所造成的危害是全球性的,地球上所有的国家和地区都有可能受其影响;危害的全球性自然要求一种全球性的反应和处理机制,这种机制自然也要跨越现有的国家和地区界线才能充分发挥作用。但这种说法首先是从宏观角度而言的。从微观的角度来说,这种全球性的危害及其所造成的影响仍然要从受其影响的国家和地区当时当地的经历中才能得到具体的认知,不同的国家和地区对全球性环境危害的认知与理解就可能由于时空条件或历史境域的不同而有所差异。况且,全球环境问题的解决及其方案的最终施行只有在问题发生的当地才是可见的、有效的。因此,全球与地方紧密相连。

诚如本章第二节所描述的那样,主权国家早已在不同的方位上为自己划定了政治界线,并且自17世纪以来,这种政治边界就一直是国家以及作为其代理人的政治家们在国际上思考和行动的主要坐标系。这样,在全球环境问题及其所造成危机的无边界特征与主权国家早已建立的稳定的政治边界之间就存在着冲突。

在特定的政治边界内,国家及其政府早已持有包括环境事务在内的所有事务的决策权、管制权。传统上,只有国内的政治家们才可以对特定边界内的环境事务做出有力的决断、制定相应的政策、实施有效的领导;对边界之外或者说国际层面上的环境合作以及环境外交而言,仍然是那些来自特定的政治边界内的政治家们才具备强有力的发言权。在1991年有关《生物多样性公约》草案的谈判过程中,南方发展中国家曾认为对基因资源及其知识的私有化趋势将对南方国家的发展造成严重挑战,因而特别强调对自然资源的国家主权和生物安全,要求优先向发展中国家输出技术,并力图使公约超越像世界知识产权组织和关贸总协定这样的国际机构,否则将拒绝该公约草案。①

但20世纪90年代以来信息和交通技术的快速发展以及全球化进程的加速推进,使得无论边界外还是边界内的多样化趋势愈加明显,"深远的变迁在生活中的每一个层面展开,世界任何角落的事件都会对世界其他每一处角落的演变产生影响"②,"大量运动已经极大地助长了跨界流动,使得国内外边界更具渗透性。"③社会成员或

---

① See Centre for Science and Environment, *Green Politics*: *Global Environmental Negotiations* 1 (New Delhi: Centre for Science and Environment, 1999).

② 詹姆斯·罗西瑙:《全球新秩序中的治理》,载〔英〕戴维·赫尔德、安东尼·麦克格鲁编,曹荣湘、龙虎等译:《治理全球化:权力、权威与全球治理》,社会科学文献出版社2004年版,第71~72页。

③ 同上,第78页。

者说市民社会在国内外的自主活动能力持续增强,他们往往凭借自身吸引国际关注的能力,要求国内权力为应对新形势和满足新需求进行有效的、民主的改革,要求权力在分配组织上实现分散化、扁平化,增强其对处于快速变化中的社会的回应能力和责任感、透明性。总之,这种权力要维持下去,就不能再像以前那样简单地只是一种自上而下地进行支配的权力,更应具有一种能够吸引自下而上的支持的威望,或者说它必须获得国内乃至国际社会的认可与信任,因而是一种权威。与权力支配的强硬色彩相比,这种权威将通过政治与社会互动的形式为其增加社会支持与信任的柔性成分;它一旦形成,就会比权力更加稳固。

因此,在全球化的世界上,国家及其政治家们已无法再仅仅从自我的角度看待和思考边界内的事务,这种"自我"很快就要受到甚至说同时受到国际社会的评论和关注,可能引起相应的国际行动,政治家们不得不具有一种"他我"的视野。国内显在的权力已经在更大程度上向着潜在的威望、信任转移,而且这种威望和信任的来源也不再仅仅限于特有的政治边界之内,更来自于边界之外。进一步说,全球环境问题所带来的危机对固守于特定政治边界内的传统权力而言可能是一场严峻的挑战,但对于一种新型权威的塑造而言却可能是一个良好的机遇。

自 1972 年联合国成功地组织和召开第一次全球环境大会开始,它就已经逐步建立起了一套处理、协调全球环境问题或事务的组织机构,带头组织、协调了一系列全球或区域性的多边环境协议的编制和签署工作,实施了一系列包括基金、技术方案在内的环境治理行动,提出了一整套有关全球环境治理的价值、原则、理念。尤其是通过 1992 年的环境与发展大会,联合国在全球突出了可持续发展理念,制定了可持续发展的全球章程《21 世纪议程》,建立起了有关应对全球气候变化、保护生物多样性的公约框架,力图在国家、社会重要部门、人民之间构建一种新型的全球伙伴关系、在新的全球化背景下推动全球共识。通过对该次大会达成的会议成果以及与会行为体中国家首脑数量、非政府组织数目激增(见本章第一节)所反映的信息来看,联合国已经开始在全球环境事务中获得了较高的威望与信任。

当然,这种威望与信任不仅是来自国家,也来自于所谓的“全球市民社会”,也即大量的国际非政府组织。首先是国家及其政治家们对构建或维护联合国在全球环境治理中的核心地位做出了包括资金、技术、行动参与等各个方面的大量承诺。其次是全球市民社会及其活动家们对联合国全球环境治理角色的持续关注,他们既可以直接发表宣言、声明或提供各类科学的、前瞻性的战略和报告来表达对联合国的承诺和支持,也可以间接通过其全球联结网络向来自于不同国度的政治家们游说、施压从而说服或迫使他们做出相应的保证。反过来,联合国及其相关机构则会就保障国家及其他不同行为体的权利、协调各类行为体尤其是国家间的环境合作、扩大机构和行动参与以及如何实现相应目标等问题做出必要的说明和承诺。

但正如上文所说,权威往往包含着权力与威望两个层面的内容,其关键在于它“能够通过发布指令而设法动员民众的服从”①。联合国尽管在全球环境事务中获得了较高的威望,但它并没有获得更多的与此相应地发布指令的权力,或者说它还无法建构起更有效的指令性规则。为此,自20世纪90年代中期以来,联合国围绕着如何改进和加强其在全球环境治理中的角色与地位问题进行了一系列的持续努力。1997年联合国通过了《进一步执行〈21世纪议程〉方案》以及《关于联合国环境规划署的作用和任务的内罗毕宣言》,

① 詹姆斯·罗西瑙:《全球新秩序中的治理》,第78页。

要求加强联合国环境规划署的角色,并强调联合国环境规划署应推进国际环境法的发展。① 1999 年联合国成立环境管理集团,试图增强联合国系统内部有关全球环境事务的协调工作。2001 年第 21 届联合国环境规划署理事会暨全球部长级环境论坛评估了有关加强环境规划署的方案选项,提高了多边环境协议的效力以及国际政策制定的一致性。② 在 2002 年约翰内斯堡可持续发展世界首脑大会上,与会各国则更明确地为加强联合国及其专门机构在全球环境事务中的作用提出了大量具体目标和操作手段。③ 因此,尽管学者们还在不停地抱怨全球环境事务仍旧在过多的指导和承诺上徘徊,但实际看来,联合国与国际社会已经为并一直为全球环境事务建构更有效的指令体系进行着辛勤的劳作。不过,这种指令体系可能会更多地穿越国家政治边界,被认为会影响甚至削弱不同边界内的权力运作,从而在更大程度上改变目前的国家主权实践。所以,其建构意义尽管特别突出,来自于不同国度和领域的政治家们仍然保持了应有的谨慎。

对不同的国家、地区及其政治家们而言,由于他们已经拥有了支配国内事务的权力,甚至获得了建构或变革国际规则与秩序的能力和影响力;所以他们所需要的是重建或从新树立一种与其权力相应的国内国际威望,获得国内国际社会的支持与信任,从而重构或从新塑造自己的权威。一方面,他们可以通过表达对联合国全球环境事务的支持与承诺,通过参与全球环境治理行动、从事国际环境

① General Assembly, *Programme for the Further Implementation of Agenda* 21, GA Res. S/19 - 2, 19 September 1997; UNEP, *Nairobi Declaration on the Role and Mandate of the UNEP*, UNEP/GC. 19/1, 7 February 1997.

② Donna Craig and Michael I. Jeffery, "Global environmental governance and the United Nations in the 21st century", P. 8.

③ WSSD, "Johannesburg declaration on sustainable development", paragraph 120 ~144.

方面的援助与合作等事务而获得国际社会的认可与尊重。与此相关的一个反面例子是，由于美国前总统小布什使美国单方面退出《京都议定书》，美国招致了国际社会的一片谴责；2007 年 5 月 31 日，小布什又在《京都议定书》框架之外单方提出了应对全球气候变化的长期战略，试图改变自身形象。[①] 与前任相比，现任美国总统奥巴马虽有所不同，承诺带头应对气候变化，甚至推动美国众议院通过《美国清洁能源安全法案》，但其法案仍然附加了大量补偿条款，承诺的减排目标也远未达到世界各国的期望。奥巴马还试图通过由美国单独与其他几十个国家签署协议，既在全世界人民面前表明美国对气候变化事务的愿望，又避免做出损害美国资本利益的、实质性的行动和改变，也因此受到广泛批评。[②] 另一方面，他们也可以把自身特定边界内的环境事务视为全球环境事务整体的一部分，通过有效地处理和解决自身的环境问题，既能赢得内部公众的信任，也能为自己塑造一种负责任的、建设性的国际形象。欧盟无疑是这方面的最好例证。中国也曾于 2007 年 5 月 30 日颁布《中国应对气候变化国家方案》，并在 2009 年以来的历次联合国气候变化大会上提出将继续加大节能减排力度，2020 年前不断降低二氧化碳排放强度，实现甚至要超过每次大会文件所规定的减排目标，从而为改善全球气候作出贡献，并因此得到了国际社会的肯定。[③]

---

① 参见“就全球变暖，布什八国峰会前‘公关’”，《新华每日电讯》第 3 版，2007 年 6 月 4 日。

② UNFCCC, “Lecture of H. E. Mr. Barack Obama, President”, available at http://unfccc2.meta-fusion.com/kongresse/cop15_hls/templ/play.php?id_kongresssession=4274, accessed on 18 September 2009.

③ UNFCCC, “Lecture of H. E. Mr. Wen Jiabao, Premier of the State Council”, available at http://unfccc2.meta-fusion.com/kongresse/cop15_hls/templ/play.php?id_kongresssession=4272, accessed on 18 September 2009; UNFCCC, “Webcasts and videos, COP/CMP and SB”, available at http://unfccc.int/press/multimedia/webcasts/items/5857.php, accessed on 21 December 2012.

尽管来自于不同边界的政治家尤其是那些具有较强国际影响力甚至支配能力的政治家们可能会提出另外一些有关全球环境问题的机制模式,比如,美国与加拿大提出了“气候变化20国领导人会议模式”①;在2007年6月德国海利根达姆举行的八国集团峰会上,八国领导人也就气候变化问题达成了妥协。② 但到目前为止,政治家们仍未能把联合国在全球环境治理中的影响完全排除在外,或者说其角色尚无法完全替代,因为要求其推进内部改革、加强外部适应甚至领导能力仍是国际社会的一种主流呼声。它或许会像法国前总统希拉克在巴黎环境大会上所呼吁的那样得到改造与加强,从而在其相应基础上建立起一个全球参与的、强有力的联合国环境组织或世界环境组织。③

总之,在过去30多年的全球环境事务中,联合国及其专门机构、不同的国家都在努力学习和尝试如何在不同的边界或穿越边界的基础上塑造自己的权威。在此过程中,如果双方认识到并致力于共同做大全球环境事务这块“蛋糕”而不是如何分割“蛋糕”的话,那么双方也许可以走向一种共赢的局面。换句话说,全球环境问题在穿越不同政治边界时所带来的冲突同样可以转化成国际社会加强合作的动力。

(二)科学过程:从不确定到确定

科学本身是一种通过经验求证从而不断积累真实可信的知识的过程,它可以帮助人们排除或消除不确定因素,达到确定内在规律、明确事物(务)真相的目的。全球环境事务所经历的科学过程就

---

① 潘家华、庄贵阳、陈迎:《“气候变化20国领导人会议”模式与发展中国家的参与》,载《世界经济与政治》2005年第10期,第52~57页。

② 参见新华网,“八国峰会就气候变化等议题发表联合声明”,http://news.xinhuanet.com/world/2007-06/08/content_6213282.htm,2007年8月8日。

③ 参见新华网,“法总统希拉克倡导建立联合国环境组织”,http://news.xinhuanet.com/world/2007-02/02/content_5688375.htm,2007年8月8日。

是一种不断排除或消除其中的不确定性进而树立确定性的过程。当然,这里所说的科学既包括自然科学,也包括社会科学。但纯粹的有关自然科学以及社会科学的规律探索很明显地超出了笔者的知识能力范围;因此,笔者在下文中将着重于从总体上探讨它们在全球环境事务中所扮演的建构角色。

这一过程的主要情境在于全球环境问题及其含义“是什么”与“可能是什么”之间产生了一种张力。[①] 其主要行为体明显是来自于自然以及社会科学界的专家们,而且他们在全球环境事务中也往往能够最终承担起一种活动家的角色,其中介手段通常是以指导性规则为主的规则建构活动。

在人类古老的历史活动当中,甚至与人类已经开拓的诸多事务领域相比,全球环境事务只能算是一个新领域。正因如此,人类在其中面临着许多困惑。从总体上说,全球环境问题到底是什么样的问题,哪些问题才能算是全球环境问题?全球环境问题是如何形成的,应当用什么样的方法应对和处理?有关全球环境问题的治理行动到底意味着什么,又是谁影响甚至最终掌握着这些行动?从细微上说,荒野是什么,湿地是什么,自然又是什么?人类与它们有着什么样的关系,又应当如何认识和处理这些关系?不同的人可能会从不同的境域出发去探索、理解这些问题,他们往往会给出许多“可能”的答案。即使是某些来自于科学共同体的专家们,也不得不承认其中充满了太多的不确定性;因为人们对此类问题的理解并“不完整”[②],科学的理解往往会在每个新问题都要求恰当地了解新系统的关节上由于缺乏

---

① See Ronnie D. Lipschutz, *Global Environmental Politics: Power, Perspective, and Practice*, P. 5.

② O. L. Loucks, “Looking for surprise in managing stressed ecosystems”, *Bioscience* 35 (1985), P. 428.

控制和重复而受阻碍。① 但科学的主旨仍在于挖掘事物(务)的真相,告诉人们最为稳定的信息;否则,人们将会失去准确的行动方向,甚至于无所适从。因此,全球环境事务最终仍要经历一种科学的探索与研究过程以使我们能够确定它到底是什么,这与人们在现实中所给出的许多可能答案之间就会形成一种张力。

为了减少全球环境事务的不确定性,联合国在着手组织全球环境事务之初,就已经试图通过专家论证的方式为其提供可靠的认知与行动图式。在 1971 年 5 月联合国人类环境大会筹备期间,大会秘书长莫里斯·斯特朗便委任勒内·杜博斯博士担任专家顾问小组组长,由其组织世界各地的专家们为会议起草一份报告,“以使世界上第一流的专家和思想家们,就人类与其所处的自然环境之间的关系方面,都能准确地表达出他们的知识和主张”,希望能为大会的正式决策提供一些背景材料。② 这份报告也即现在我们所熟知的联合国人类环境大会的基调报告《只有一个地球——对一个小小行星的关怀和维护》。它的完成是来自于58 个国家的 152 位专家努力协作的结果,其作者芭芭拉·沃德是美国哥伦比亚大学经济学教授,另一位作者勒内·杜博斯则是美国著名的微生物学家和病理学家。1992 年联合国环境与发展大会的基调报告《我们共同的未来》同样也是 70 多位来自于环境、能源、工业、粮食、国际法等领域的专家努力协作的结果。③

为在机制建构上保障或促进这种科学过程,1972 年联合国大会第 2112 次全体会议在决定设立联合国环境规划署时,就规定其主要

① D. Ludwig, R. Hilborn and C. Walters et al., “Uncertainty, resource exploitation and conservation: Lessons from history”, *Ecological Applications* 3/4 (November 1993), reprinted by permission from Science 260:17 ~ 36, P. 547.

② 〔美〕芭芭拉·沃德,勒内·杜博斯:《只有一个地球——对一个小小行星的关怀和维护》,序言部分。

③ 参见世界环境与发展委员会:《我们共同的未来》,第 460 ~ 473 页。

任务之一即确保世界各地的科学或其他专业共同体进行合作，为促进国际环境合作提供咨询建议。[①] 因此，环境监测、评估以及相关的信息服务自1972年起就成为联合国环境规划署的工作重点之一。为推动这项工作，迄今为止，联合国已经设立的相关机构、合作网络或方案包括：早期预警与评估司、全球与区域综合数据中心、世界保护区监测中心、政府间气候变化专门委员会、全球环境监测系统、全球环境展望网络、协作评估网络、全球环境信息交换网、地球观察计划、千年生态系统评估等等。[②]

通过以这些机构、网络或方案为平台所开展的一系列监测、评估或研究活动，来自世界各地的一流专家们可以共享数据资源、交流信息与经验，形成比较一致的研究范式，对全球环境问题做出更为真实可信的判断；并最终提供包括年鉴在内的环境状况报告、环境影响评估或生态风险评估、重大的政策建议或展望等各类形式的信息文本。这些文本一方面可以向联合国、世界各国政府以及其他各类行为体提供有关全球环境事务的历史、现状与进展信息，促进他们主动思考环境事务方面的相关问题；另一方面可以向各类行为体说明他们在其中能够择取的行动选项，从而为他们提供某种行动指南。因此，通过更为一致的专业化活动，专家们在不断地推动着国际社会有关全球环境问题及其治理事务的沟通与理解进程，从而在更大程度上减少了人类在全球环境事务中所遇到的各种疑惑。

联合国政府间气候变化专门委员会（IPCC）的工作无疑是这方

---

① See General Assembly, *Institutional and Financial Arrangements for International Environmental Cooperation*, General Assembly Resolution 2997 (XXVII), 1972.

② See UNEP, "Activities in environmental assessment", available at http://www.unep.org/themes/assessment/, accessed on 11 August 2007; UNEP, "Science initiative", available at http://www.unep.org/scienceinitiative/systems.asp, accessed on 11 August 2007.

面的一个恰当例子。自1988年成立时起,IPCC汇聚了来自世界各地的2500多名专家,他们通过持续的研究与评估活动,已连续于1990、1995、2001、2007年发布了4份评估报告,对全球气候变暖的相关问题做出了越来越肯定的说明。1990年的首份报告向人类警示了气温升高的危险,推动了1992年联合国环境与发展大会上《联合国气候变化框架公约》的达成;1995年的第二份报告提出证据认为,"对全球气候来说,存在可辨认的人类影响"①,为1997年《京都议定书》得以通过铺平了道路;在2001年的第三份报告中,委员会提出有"新的、更坚实的证据"表明人类活动与全球变暖有关,全球变暖"可能"由人类活动导致,这里所说的"可能"表示66%的可能性。②2007年1月29日至2月1日,委员会专家们又聚会巴黎,再次共同讨论全球变暖问题,协调各国有关气候变暖问题的研究和统计数据,并于2月2日发布了第四份有关全球气候变化评估报告的梗概。专家们认为,在过去50年中,气候变暖已是"毫无争议"的事实,人为活动"很可能"是导致全球气候变暖的主要原因,这里所说的"很可能"表示可能性至少在90%以上。③ 除美国等极少数国家外,世界绝大多数国家与国际组织都对报告结论表示支持,并表达

---

① IPCC, Climate Change 1995: *Impacts, Adaptations and Mitigation of Climate Change: Scientific - Technical Analysis*. Contribution of Working Group II to the Second Assessment Report of the Intergovernmental Panel on Climate Change (Cambridge and New York: Cambridge University Press, 1996). Quoted in UNEP, *Global Environmental Outlook* 3, P. 215.

② IPCC, *Climate Change* 2001: *The Scientific Basis. Contribution of Working Group I to the Third Assessment Report of the Intergovernmental Panel on Climate Change* (Cambridge and New York: Cambridge University Press, 2001). Quoted in UNEP, *Global Environmental Outlook* 3, P. 214.

③ Working Group I of IPCC, "The fourth assessment report (AR4) 'The physical science basis of climate change'", available at http://ipcc - wg1. ucar. edu/wg1/wg1 - report. html, accessed on 19 September 2007.

了进一步采取国际行动的意愿;联合国教科文组织也于IPCC巴黎会议之际呼吁全球政府、企业、个人立即采取联合行动,延缓和阻止全球气候变暖过程。①

在不断地树立某种确定性的过程当中,专家们由于具备了环境方面的专业知识与能力,他们所提供的信息更加真实可靠,不同的行为体通常都愿意把它们作为认知和行动的共同依据,这也就使得专家因其专长而具备了更强的影响能力。另一方面,专家之间往往会结成紧密的共同体,并以这种共同体为基础形成更加广泛、复杂的信息或沟通网络;他们同时又能够与本国政府保持较为稳定的联系,有着更多地进入政府的渠道。自身所具备的独特属性以及广泛的网络支持往往使他们更容易在不同的政治疆域内外进行某种价值、观念的倡导活动,引领人们确定行动方向,从而可以在整个全球环境事务中承担起一种活动家的角色。

总之,通过科学过程不断地提供充分的数据资源、严格的影响评估、前瞻性的政策建议,从而逐步消除全球环境事务中所遭遇的各种不确定因素,联合国与国际社会的行动目标更加一致和具有针对性,全球联合行动的框架及意义也得以逐步突显。

(三)经济社会过程:从环境排斥到环境友好

摆脱贫困过上富裕或充足的物质与精神生活是人类社会的夙愿,其实现则有赖于经济、社会发展与自然环境间的协调。全球环境事务的经济社会过程在总体上就意味着经济与社会发展不断涵纳环境要素,从忽视或排斥环境价值到认同环境价值、与环境相和谐的转变过程。换句话说,环境事务必须得到经济与社会层面的包容和支持,环境要素必须在追求富足生活的过程中得到自觉、充分

① 参见新华网,"联合国教科文组织呼吁全球行动对抗气候变暖",http://news.xinhuanet.com/world/2007-02/01/content_5683178.htm,2007年8月12日。

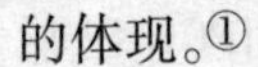

的体现。①

这一过程的问题情境主要在于:对富足生活的追求同生态环境之间往往会产生矛盾,而且这种矛盾的程度往往随着历史境域②的不同发生变化。推动这一过程的主要角色是那些务实的企业家和有着号召力的社会活动家。其中介手段则主要是朝向广泛的指导性和承诺性规则的建构活动。

在人类摆脱贫困追求富足的道路上,资本主义所建立的现代化工业生产方式曾以大规模地开发和利用自然支撑起社会生存与发展的需求。这种工业生产以及在其基础上所形成的消费方式往往是以大规模的环境污染和生态破坏为代价的。也就是说,既有的经济生产与社会生活是建立在对自然的掠夺、与环境的冲突之基础上的;环境要素从未能真正和谐地进入经济运作与社会生活之中,人们在生产与消费过程中从未认真、谨慎地考虑环境本身的价值及其与人类社会体系的实质关系。但在社会能够相对满足其物质层面需要、不必再为物品匮乏而持续紧张的时候,人们却逐渐发觉在经济快速增长、人类迅速逼近自然的同时,生态环境正处于快速退化之中,尤其是一系列频发的环境灾害事件使人们在思想上产生巨大震动。人们开始认真反思和应对既有的工业现代化方式对环境进而对人类自身所带来的负面影响。自20世纪60年代起,在环境灾害事件的不断警醒、持续的社会反思运动所造成的压力下,工业化

---

① 这里之所以把经济与社会同列,是因为二者具有密不可分的内在联系。从经济意义上说,所有的社会成员都可能成为资源、物品的生产者或消费者,资源或物品的生产、交易、消费活动往往是社会存在的生命线;而从社会意义上说,所有经济行为体不论生产者还是消费者,都有着某种相互联结的倾向,总是处于或紧密或松散的不同类型、层次的群体互动之中;在需求甚或追求的意义上,经济层面的物质追求总是紧接着社会层面的精神追求。

② 主要指行为体因处于发达国家或发展中国家行列所面临的不同境况和需求。其概念可参见第一章第一节的注解。

的资本主义社会或者说发达国家都相继走过了一条先污染后治理的现代化发展道路。

在这场反思运动中,那些敏锐的思考者们发现,已经被拉伸到对立面的富足生活与环境保护之间的矛盾并不是不可协调的,经济增长与环境目标之间同样可以达成一致。自20世纪80年代起,不论是世界环境与发展委员会提出的可持续发展理念还是欧洲国家学者提出的生态现代化理论,都曾试图表明这一点。20世纪90年代初,哈佛大学学者米切尔·波特(Michael Porter)通过案例研究清楚地表明,经济增长可以与环境主义相融,并且经济竞争力也依赖于两者之间的成功连接。环境标准的不断提高在使那些优先采用这些标准的企业具备更强的国际竞争力的同时,也会使这些企业具有更高水平的资源使用效率。①因此,“没有证据表明经济增长必定是不可持续的,但增长的本质将决定其环境影响”②。这些思考成果为企业家们认知进而遵循环境主义路线提供了初步的指南,消除了他们发展环境技术与能力方面的某些疑虑。

另一方面,在这场反思运动中还出现了一股强大的“绿色激进主义”力量③,有如绿党之类的政治组织以及绿色和平(Greenpeace)之类的各种非政府组织也开始走向国际政治前台并愈发地活跃起来。尽管这股激进力量及其绿色思考并未成为当时社会的主流,但它却不断地激发着一种可以进行公平和充分对话的绿色公共领域的持续构建活动,促进了社会公众对环境价值的深层认知与理解,

---

① M. Porter and C. Van der Linde, “Green and competitive: Ending the stalemate”, *Harvard Business Review* 73 (1995), P. 120 ~ 134. 转引自郇庆治:《环境政治国际比较》,第47 ~ 48页。

② Julia Hertin, Frans Berkhout (eds.), *Producing Greener, Consuming Smarter* (ESRC Global Environmental Change Programme, 2000), P. 3.

③ 绿色激进主义主要包括激进的绿色意识和绿色政治运动两个层面。John S. Dryzek, *The Politics of the Earth: Environmental Discourses*, P. 181.

进而促使政治家们为完善环境决策、企业家们为采用无害于环境的生产与经营方式不断地做出有益的承诺。因而从总体上说,在20世纪90年代以来的经济全球化进程当中,发达国家所设定的环境标准、环境政策愈加严格,它们通过在生产中开发和使用无害于环境的高端技术、在市场中使用诸如环境税、生态标志等经济工具,在生活方式上倡导绿色化,已经逐步构建起了一种绿色的生产与消费体系或者说是一种环境友好型社会。

与技术和环境先行的发达国家相比,发展中国家由于技术以及知识水平相对落后,在解决当前社会所普遍存在的贫困、匮乏进而实现人们所追求的富足生活的过程中,仍然不得不重复工业化国家曾经走过的污染式发展道路,这就使得经济增长与生态环境的矛盾、社会与自然的冲突仍在继续,甚至会在许多情况下出现扩大的危险。所以很明显,尽管发达国家要为既存的环境问题负大部分责任,但发展中国家的生产与消费所造成的环境影响也在不断增加。①

更为严重的是,日益扩展与深化的全球化进程可能会进一步使发展中国家遭受环境认知与能力落后的不良影响。由于发达国家的环境标准及环境政策趋向于愈加严格和不断完善,许多企业往往会利用发展中国家渴望发展经济、引进资金与技术的时机,将其有害于环境的技术、项目或物品转移到那些环境认知能力较低、环境标准尚不严格、环境政策尚不健全的发展中国家。同时,较高的环境准入门槛也往往会把发展中国家挡在全球贸易市场之外。有益于环境的技术、资金、知识及能力的缺乏反过来又会加剧发展中国家的环境恶化趋势。

因此,要有效地应对和处理全球环境问题,就需要从总体上消除贫困尤其是发展中国家的普遍贫困,有效地改善全球生产与消费

① See Julia Hertin, Ian Scoones, and Frans Berkhout (eds.), *Who Governs the Global Environment*? (ESRC Global Environmental Change Programme, 2000), P. 11.

体系,从而全面协调经济增长、社会发展与环境保护目标的关系;要进行“从污染控制到更有效、更清洁的技术升级”,还“必须重新思考商品与服务本身,并且在生活方式和基础设施方面做出改变”,①使环境考虑真正成为世界经济与社会发展中不可分割的一部分;必须采取措施帮助发展中国家同发达国家一起走上一种构建绿色乃至更绿的经济与社会体系的道路。为此,联合国及其专门机构同国际社会一道在推动私营部门参与、促进对发展中国家的资金支持、加强对发展中国家的技术支持与环境能力建设等方面做出了持续努力。

为推动私营部门参与,1997 年,联合国环境规划署和全球环境基金秘书处曾共同召集了一次“让私有部门参与全球环境基金活动会议”,以讨论私有部门参与全球环境基金方面的障碍问题。因为在事实上,只有私营部门的那些企业家们才最终掌握着改进工业生产与消费方式的真正动力;同时,通过向私有部门授权,就可以使它们成为向《生物多样性公约》和《联合国气候变化框架公约》提供服务的临时财务机制,从而相应增加成功实施这些公约的可能性。参加这次会议的工业协会最终超过了 35 个,会议证实,它们有着强列的兴趣与联合国环境规划署及其全球环境基金伙伴一道工作,以促进私有部门更加充分地理解全球环境问题,并动员私有部门与政府结成伙伴关系以共同致力于全球环境基金所支持的相关活动。②

在加强对发展中国家的资金支持方面,联合国特别强调和重视官方发展援助所发挥的作用。联合国官方发展援助一方面包括开发计划署、全球环境基金等各类机构、基金、方案所获得的赠款援助,另一方面则是世界银行、国际农业发展基金等组织的项目贷款。

① Julia Hertin, Frans Berkhout (eds.), *Producing Greener, Consuming Smarter*, P. 3.

② 参见联合国环境规划署:《联合国环境署、全球环境基金和私有部门社论》,载《Industry and environment》(中文版)1998 年第 4 期,第 71 页。

但这些资金最终都主要来源于发达国家的捐助,联合国曾于1970年为发达国家制定了占其国内生产总值0.7%的官方发展援助目标。总体而言,官方发展援助的数额多年来始终在原定目标一半左右的水平上徘徊,在20世纪90年代更是经历了一个急剧下降的过程,总额从1992年的583亿美元下降到2000年的531亿美元,其平均流量在发达国家国民生产总值中的比重从1992年的0.35%下降到2000年的0.22%。[①] 但于2002年墨西哥蒙特雷召开的联合国发展筹资问题国际会议试图动员作为主要捐款国的西方发达国家主动承担义务,增加官方发展援助,以扭转90年代以来官方发展援助不断下降的趋势。在联合国与世界银行等组织的努力协调下,与会各国达成"蒙特雷共识",承认和赞赏所有捐助国已经做出的努力,并敦促尚未实现目标的发达国家做出具体努力,争取达到把发达国家国内总产值的0.7%作为官方发展援助给予发展中国家、0.15%至0.20%给予最不发达国家。[②] 在这次会议上,美国、日本、欧盟等最终都做出了增加捐助的承诺。为使这些援助有效地用于支持发展中国家的可持续发展事业,包括教育、卫生、公共基础设施、农业与农村发展、粮食安全、开发和转让环境无害化技术等等,联合国试图一方面督促发达国家取消援助的附加条件,改变其对援助成果的计量方式,协助发展中国家建立包括技术顾问和咨询服务、销售支持、法律咨询、研究开发以及实验设施和服务、技术项目的设计与谈判在内的环境无害化技术的开发与转让机制,向大公司和跨国公司提

---

① UNECOSCO, *Implementing Agenda 21: Report of the Secretary - General*, E/CN. 17/2002/PC. 2/7, 20 December 2001, paragraph 179.

② UN, "Monterrey consensus of the International Conference on Financing for Development, the final text of agreements and commitments adopted at the International Conference on Financing for Development" Monterrey, Mexico, 18 - 22 March 2002, paragraph 39 - 43. Available at http://www. un. org/esa/ffd/Monterrey/Monterrey% 20Consensus. pdf, accessed on 18 August 2007.

供奖励以促使它们方便中小企业获取环境无害化技术；另一方面试图促进发展中国家制定包括减贫战略在内的发展框架作为应邀交付援助的工具，加强发展中国家的金融机制和财务管理能力并降低交易费用，从而在捐助国与受援国之间建立一种发展伙伴关系。①

在技术支持与环境能力建设方面，1992 年联合国环境与发展大会通过的《21 世纪议程》即强调联合国要通过加强内部协调，以其各专门机构所具有的专业知识和业务能力为有关国家特别是发展中国家在环境与发展政策、环境立法、人力资源开发和专家委派、环境教育、机构能力建设、环境数据或资料网等问题上提供协助。② 2002 年可持续发展世界首脑峰会通过的《执行计划》又重新强调在可持续发展所涉及的所有领域开展能力建设的重要性，并为此要求在各项减贫和可持续发展方案中开展资源更为充足、更为有效、更为协调统一的辅助性能力建设活动。③ 更进一步的是，2004 年于韩国济州召开的联合国环境规划署理事会暨全球部长级环境论坛决定设立一个政府间不限成员名额高级别工作组，专门负责拟订一项针对发展中国家和经济转型国家的技术支持和能力建设战略计划，供理事会/环境论坛 2005 年常会审议。2005 年于肯尼亚内罗毕召开的联合国环境规划署暨全球部长级环境论坛第 23 届会议通过了该高级别工作组制定的《巴厘技术支持和能力建设战略计划》。该计划在管理主体上特别强调联合国环境规划署在技术支持与能力建设中的作用，认为它可以同联合国其他机构、各多边环境公约秘书处、市民社会等充分合作，确保以最优方式使用有限的财力和人力资

---

① UNECOSCO, *Implementing Agenda* 21: *Report of the Secretary - General*, E/CN. 17/2002/PC. 2/7, paragraph 229. And see UN, "Monterrey consensus of the International Conference on Financing for Development", paragraph 43.

② UNCED, "Agenda 21", chap. 37.

③ WSSD, "Plan of implementation of the World Summit on Sustainable Development".

源、增强区域和国家两级的活动,并为采用多边方式连贯地进行技术转让和知识产权保护提供一个平台。在计划原则上则强调所开展的各项活动应以国家为主导,协助发展中国家与经济转型国家制定能力建设框架、战略优先目标体系,确保所建立起来的能力能够持续下去。在计划实施上,要求在国家、区域、全球3个层次上协同行动;实施领域则涵盖了获得研制环境无害化技术的科技知识或信息、提供评估和预警方面的培训等13项跨部门议题,以及气候变化、生物多样性、可再生能源、废物管理等19项专题。①

总之,在经济社会过程中,人们在为环境保护做出更多保证或承诺的同时,在实践中所能获得的具体指导与行动能力也在逐步增加;发展中国家与发达国家一道公平、有效地参与全球环境事务的可能性正在被不断促进。因此,通过使环境要素更好地融入现代经济运作和社会生活当中从而构建起一种绿色的与环境相和谐的社会体系,经济社会过程将能够为联合国与国际社会在全球环境事务方面的充分拓展提供一种坚实、广泛的社会基础。

三、过程间的交织作用

上文对政治、科学、经济与社会3个过程的阐述是各自进行的,实际上,这3个过程并不是相互隔离的,因为具有能动性的行为体是可以穿越角色边界的,他们也没有被限制在某一过程之内,而是通常参与到另一过程当中并对其产生影响。因此,这些过程之间又存在着紧密的内在联系。

首先,政治过程与科学过程之间存在着一种相互联结的趋势。政治家们有关环境问题或事务方面的决策与管制活动首先要以真实可靠的信息为依据,并对环境问题形成自己的认知和理解,才能

---

① UNEP, *Bali Strategic Plan for Technology Support and Capacity - building*, UNEP/GC. 23/6/Add. 1, 2005.

具有相应的处理环境事务的充分知识与动力;而且,如果缺乏可接受的共识或不能提出适当的应对措施,在不同政治边界间所进行的国际环境合作也将变得非常困难。① 来自于自然科学以及社会科学界的专家们则可以通过其特定的研究或评估工作为政治家提供环境信息、政策建议,提高政治家对环境问题或事务的认知与理解能力,为其在特定边界内外的环境行动提供某种指南。他们在研究或评估工作中将整合来自于政治家们诸如政策有效性与相关性之类的期望和要求,政治家们则可以相应的根据这种研究或评估结果做出行动。专家们可以质疑政策问题,政治家们也可以质疑科学研究或评估的假设及结构。② 专家们的研究或评估工作在科学上越可靠、政治上越合法、政策上越可行,则越有可能对政治家的决策与管制活动产生特定的形构作用,③甚至可以说,这种科学工作将通过自己特有的作用逐步变成一种政治活动。但究竟怎样才算可靠、合法、可行,政治家们则又有着许多不同的观点,他们往往会从政治需要出发考虑专家们就环境问题所进行的科学努力,专家们所进行的工作因此也日益受到政治利益的影响。④ 在科学标准与政治利益的联合支配下,经由国家与国际社会对某种因果关系的接受,再到它们在决策过程中的应用,知识与政策就被合搬到了多种舞台上。⑤

其次,政治过程同经济与社会过程之间往往交互作用。由于政

---

① See Lynton K. Caldwell, *Between Two Worlds: Science, the Environmental Movement and Policy Choice* (Cambridge: Cambridge University Press, 1990), P. 49; C. C. Joyner, *Governing the Frozen Commons: The Antarctic Regime and Environmental Protection* (Columbia, SC: University of South Carolina Press, 1998), P. 40 ~ 41.

② See Henrik Selin and Noelle Eckley, "Science, politics, and persistent organic pollutants: The role of scientific assessments in international environmental co - operation", International Environmental Agreements: Politics, *Law and Economics* 3 (2003), P. 21.

③ Ibid., P. 19 ~ 20.

④ Ibid., P. 20.

⑤ Ibid., P. 21.

治家们的环境决策与管制活动会直接影响到企业家的生产运作以及公众的日常生活,他们就会不断地向政治家们提出各种要求、施加各种压力,不断地促使环境政策实现合法化,使其朝着有利于企业家与公众的生产、生活的方向改进。他们施加压力的形式既包括发动不同形式的环境运动以推动相应的对话或讨论,也包括通过活动家们渗入到政治决策系统当中进行各种游说活动。对政治家们而言,他们若要通过环境事务塑造其政治权威,在决策过程中就要把企业家们与广大社会公众的要求考虑进来,不断扩大环境决策的民主参与程度;在沟通过程中就要花一些时间去倾听人们想从参与中得到些什么,尤其要了解人们评价这种参与进程的合法性以及公平性的方式,从而更多地获取他们的支持与认可,其决策才能在经济与社会过程中得到有效的执行和实现。因此,在与环境政策相关的行动或实践当中,政治家、企业家以及市民社会之间总是能够最终形成多层面的联系,这种联系的多重性或可在某种程度上更为妥善地解决环境政治当中所出现的代表性问题。①

最后,科学过程同经济与社会过程之间也可以相互影响。专家们首先可以通过其环境方面的科学发现向社会提出警告、促使其注意环境问题,并通过持续的跟踪研究突显环境问题的重要性。面对环境问题所带来的各种危机与困扰,企业家们以及社会公众则要求获得最新的科学指导,要求就环境问题形成一种具有广泛适用性的综合概念。② 专家们进而可以凭借其专业知识、能力及其忧民、忧患意识作为活动家在企业与社会中提倡某种环境价值与观念,在环境

---

① John O'Neill, "Representing people, representing nature, representing the world", *Environment and Planning C: Government and Policy* 19 (2001), P. 485 ~ 497.

② Lynton K. Caldwell, *International Environmental Policy: From the Twentieth to the Twenty - First Century*, 3rd edition (Durham and London: Duke University Press, 1996), P. 350 ~ 432.

运动中为市民社会发挥某种引领作用，或与其结为联盟共同向政治家们施压。更重要的是，专家们还可以通过其技术层面的专业辅助工作，包括实施人力资源开发与培训、环境教育，以及环境无害化技术的研究、开发和改进，从而引导、更新企业家们与社会公众有关环境问题的思考过程，改进企业生产与社会生活方式。企业家们以及社会公众则通过其生产与生活实践不断地为科学研究或评估进程做着进一步的实证工作。因此，经济与社会过程最终可以向科学过程提供某种前进的动力，科学过程则能够相应的为经济与社会过程提供一系列帮助与指导。

综上所述，这些过程之间可以发生交织作用，这就意味着它们不仅具有某种相对独立的意义，更在总体上联结为一种整体性的过程。

小　结

通过定性判断与进一步的量化分析，我们可以确定，全球环境话语与联合国全球环境治理机制间存在高度相关性。两者间可以相互促进相互制约，从而最终具有一种相互建构的性质。在两者的相互建构进程中，问题情境、行为体角色、中介规则充当了主要影响变量，这些变量使得两者最终能够在科学、政治、经济与社会 3 个层面上相互建构。

第四章

个案研究：联合国气候变化议程

气候变化是联合国全球环境治理的重要领域。自20世纪80年代后期尤其是1992年以来，全球气候变化问题已逐步走到国际社会的前台，并进入到联合国议事日程的前端位置。下文试图以联合国气候变化议程为案例，进一步说明第三章分析全球环境话语与联合国全球环境治理机制相互建构关系的含义。笔者将首先对该议程的短暂历史进行总体描述，然后再将此描述作为基本框架，对议程所涉及的主要变量和建构进程展开一定的分析。

第一节　对联合国气候变化议程的总体描述

联合国气候变化议程主要表达了联合国及其专门机构、国际社会对以全球变暖为主要特征的全球气候变化问题所导致的一系列全球威胁的密切关注及应对努力。

尽管科学家们早在1970年就试图将全球变暖所带来的威胁信号传递给有关的决策者，①但它明显没有引起相应的重视。1972年在斯德哥尔摩召开的联合国人类环境大会可被看做有关气候变化的国际努力的起点，大会提出了一些与气候变化有关的建议或指导性规则。1979年，在日内瓦召开的第一次世界气候会议也受到了各

① SCEP, *Man's Impact on the Global Environment*, Study of Critical Environmental Problems (Cambridge, Massachusetts: MIT Press, 1970).

国科学家的关注。进入20世纪80年代后,在奥地利菲拉赫召开的一系列讨论会或研究会又继续从科学意义上就某些重要温室气体的排放问题及其危险性进行了讨论,并形成了较为一致的意见。

随着日益增长的公众压力以及世界环境与发展委员会对该问题的关注,全球气候变化问题开始被纳入到政治议程内。在1988年多伦多召开的大气变化会议上,就有提案要求发达国家到2005年时其排放量应比1988年减少20%。几个月后,世界气象组织(WMO)和联合国环境规划署(UNEP)便共同建立联合国政府间气候变化专门委员会(IPCC)来总结、评估对气候变化的科学认识,以及气候变化所造成的影响和应对措施。[①] 1990年10月,由各国政府官员和科学家参加的第二次世界气候大会又通过了部长宣言和科学技术会议声明。会议认为当时已有一些技术上可行、经济上有效的方法,可供各国减少二氧化碳排放,因此提出要制定一部气候变化公约。[②] 1990年12月,第45届联合国大会决定设立气候变化框架公约政府间谈判委员会,进行有关气候变化问题的国际公约谈判。该委员会即在1991年2月到1992年5月间起草了《联合国气候变化框架公约》(UNFCCC)。在1992年的里约热内卢联合国环境与发展大会上,《联合国气候变化框架公约》获得通过,成为第一个全面控制导致全球气候变暖的二氧化碳等温室气体排放的国际公约。至此,国际社会终于在联手应对全球气候变化给人类经济与社会发展所造成的不利影响方面取得重大突破。

公约于1994年3月21日正式生效,截至2007年8月,已有192个国家批准该公约并成为公约缔约方。[③] 根据公约规定,公约秘书

---

① UNEP, Global Environmental Outlook 3, P. 216.

② Ibid., P. 17 ~ 18.

③ UNEP, "Status of ratification", available at http://unfccc.int/essential_background/convention/status_of_ratification/items/2631.php, accessed on 11 September 2007.

处自 1995 年起开始组织公约缔约方大会;截至 2009 年 10 月,缔约方大会已连续举行了 14 次,为推进公约实施做出了重大努力(其具体进展情况参见表 4－1)。

自 2007 年 1 月 1 日潘基文就任联合国秘书长以来,气候变化也成为其最优先考虑的问题之一。这明显表现在联合国自该年度 7 月份以来在气候变化方面所组织的一系列标志性会议上,包括在其总部举行的气候变化专门会员国大会、维也纳气候变化会谈等等。这些会议说明,气候变化这一需要全球共同面对的挑战在联合国全球议程中占有极为重要的地位,联合国希望继续作为有关全球气候变化问题的国际磋商与协定的中心。

总体来看,自 1972 年至今,联合国气候变化议程才经历了 37 年的时间,因此其历史并不久远。参照其议题或讨论倾向,可大致将其分作 20 世纪 70 年代—80 年代中期、20 世纪 80 年代后期—90 年代初期、20 世纪 90 年代中期以来三个大的历史阶段。第一阶段主要是有关气候变化问题的发现与警告;第二阶段主要反映出国际社会开始对气候变化问题进行深入思考与共同应对;第三阶段则涉及如何全面、具体、更有效地构筑全球治理机制、推进全球行动。

第二节　议程展开:情境、行为体、规则及建构进程

前文已述,环境灾害事件及其所形成的特定问题情境、穿越边界的行为体角色、多样化的规则是关涉全球环境话语与联合国全球环境治理机制相互建构关系的主要变量;并且,这种建构是在政治、科学、经济与社会三个不同的层面进而其交织作用上展开的。这一点在联合国气候变化议程中逐步得到了充分体现。

一、第一阶段:20 世纪 70 年代—80 年代中期

这一阶段的气候变化议程主要是在科学层面上展开的。由于有关全球变暖的确定数据尚不能被大量、直接地获得,而臭氧层空洞也只是被首次发现;尽管来自科学界的专家们在 1970 年就已开始注意到气候变化所带来的威胁,但这一问题在科学上还存在着高度的不确定性,专家们仍未得出较为一致的意见。因此,气候变化问题并没有得到拥有决策权力的政治家们应有的关注;或者说,它还只是一个科学层面的问题,而非一种真正的"议程"。但大气污染及其所造成的环境危害已在现实生产与生活中明显暴露出来,人们仍对 1952 年伦敦上空致命的烟雾记忆犹新,更对北欧、中欧地区许多湖泊的鱼类因酸雨大量死亡甚至灭绝而痛心;环境问题的严重性使得政治家们在 1972 年斯德哥尔摩联合国人类环境大会上并没有把气候变化问题完全搁置在一旁,一些与其相关的建议或者说指导性规则还是被提了出来。大会通过的行动计划提醒各国政府注意污染活动在气候影响方面所造成的风险,建议发起全球大气研究项目,并设立信息和经验交流手段,以更好地理解大气整体循环以及气候变化的原因。① 但也正如该行动计划所显示的那样,它仍旧主要停留在所谓"建议"的阶段。

幸运的是,科学界的专家们并没有停止探索,而是向着更为确定的科学共识付出了持续的努力。1979 年,世界气象组织在瑞士日内瓦组织召开了首届世界气候会议。与会的各国科学家们号召各国政府"预见并防止潜在的人为气候变化",因为"这些气候变化可

① UNCHE, "Action plan for the human environment", Recommendation 70, 79, 102, available at http://www. sovereignty. net/un - treaties/STOCKHOLM - PLAN. txt, accessed on 2 July 2007.

能对人类福利产生不利影响"。[①] 自20世纪80年代起,联合国环境规划署、世界气象组织、国际科学协会理事会(ICSU)在奥地利菲拉赫组织了一系列讨论会,在1985年的会议上,一个由科学专家组成的国际小组就全球变暖的危险性和问题的严重性方面在某种程度上达成了相对一致的意见,认为对流层中的二氧化碳、二氧化氮、甲烷、臭氧、氟氯化碳的含量正在增加,它们对长波太阳辐射的吸收与发散将可能影响地球气候;假如当前的趋势继续下去,二氧化碳与其他温室气体的混合浓度在2030年将会达到工业化之前二氧化碳浓度的两倍,全球平均地表温度将上升1.5~4.5℃;而气候变化也与人类活动引起的大气构成变化所导致的酸沉降、臭氧层遭破坏等其他环境问题紧密相连;减少使用煤炭、石油以及保存能源将会有助于减少温室气体排放,从而有助于保护臭氧层并减缓气候变化速度。[②] 很明显,在更具针对性的专业信息与知识面前,问题的现状、性质被逐步暴露出来,行动的方向变得逐步清晰起来。科学共识的形成也就为国际社会认知、理解气候变化问题从而进一步采取行动提供了一种基础和指南。

二、第二阶段:20世纪80年代后期—90年代初期

这一阶段的气候变化议程是在科学与政治两个层面上展开的,但与前一阶段相比,问题的重心开始从科学层面向着政治层面转移,直到气候变化问题被真正列入政治议程之内。

20世纪70年代以及80年代前半期所举行的一系列气候变化

---

① the First World Climate Conference, "Declaration ('An appeal to nations') and supporting documents", available at http://www.wmconnolley.org.uk/sci/iceage/wcc-1979.html, accessed on 21 September 2007.

② ICSU, *The Assessment of the Role of Carbon Dioxide and of Other Greenhouse Gases in Climate Variations and Associated Impact*, Villach, 9 - 15 October 1985.

问题会议，在努力达成并不断推进科学共识的同时还向人们传递出这样一种信息，即确定和评估未来气候状况已成为国际社会所面临的一项紧迫任务。这种紧迫性又进一步被80年代逐步突显出来的洪水、热浪、干旱、飓风、土地沙漠化、海平面上升等重大气候灾害或环境灾害所强化。美国于1980、1983、1988年发生了3次严重的干旱或热浪灾害，造成严重的粮食减产和经济损失；东非1982~1983年的大干旱也造成大量牲畜死亡，并直接导致几十万人的大饥荒；1988年前苏联、中国也发生了严重的干旱，巴西、孟加拉国等国则遭受了洪水灾害，加勒比海地区、新西兰和菲律宾则经受了龙卷风和台风的袭击。① 随着环境灾害的暴发，政治、社会与经济利益之间的冲突也在不断加剧，要求采取行动的呼声越来越高，国际社会不得不对气候变化问题予以高度关注。世界环境与发展委员会在其1987年发表的报告《我们共同的未来》中要求，国际社会必须以一种综合的、长远的、可持续的眼光为应对危及整个地球生命支持系统的全球环境问题采取联合行动。在接下来的几年里，国际社会的行动步伐逐渐加快。

1988年6月，联合国在加拿大多伦多召开大气变化会议，会议认为地球气候正在发生迅速变化，这种变化将对世界经济发展与人类健康带来重大威胁；因此，国际社会必须采取政治行动，立即着手制定保护大气的行动计划，发达国家到2005年时的二氧化碳排放量要比1988年减少20%。② 对上述呼吁，世界气象组织和联合国环境规划署迅速做出了积极响应。1988年11月，它们便共同组建

① 参见徐再荣：《从科学到政治：全球变暖问题的历史演变》，载《史学月刊》2003年第4期，第116页。

② See "The Toronto and Ottawa conferences and the 'Law of the Atmosphere'", available at http://www.cs.ntu.edu.au/homepages/jmitroy/sid101/uncc/fs215.html, accessed on 17 September 2007.

了联合国政府间气候变化专门委员会(IPCC),并从世界各地召集了2500多名科学家,试图依靠他们评估气候与气候变化科学知识的现状,分析气候变化对社会、经济的潜在影响,并提出减缓、适应气候变化的可能对策。这就为专家们开始在政治决策层面上发挥影响打开了通路,他们所具有的专业知识也逐步成为政治家们建构治理权威时所考虑的重要手段,科学过程便初步与政治过程联结了起来。

问题的重心继而迅速地向着政治层面转移。1988年12月,第43届联合国大会又通过了题为《为人类当代和后代保护全球气候》的43/53号决议,决定在全球范围内对气候变化问题采取必要、及时的行动,同时要求IPCC就气候变化问题的科学知识、潜在影响、可能对策以及加强有关气候问题的国际法规、确定将来可能列入国际气候公约的内容等进行综合审议并提出相应建议。[①] 只经过一年的时间,IPCC的专家们就拿出了第一份评估报告,为进一步的气候变化公约奠定了科学基础。进而又随着1990年10月份第二次世界气候大会上制定气候变化公约要求的提出,以及12月份第45届联合国大会上气候变化公约政府间谈判委员会的建立,气候变化问题即被完全纳入到联合国议事日程之内,成为政治家们外交斗争的重要场域。1992年6月,由政府间谈判委员会历经一年多时间拟成的《联合国气候变化框架公约》(UNFCCC)在联合国环境与发展大会上获得通过并开放供各国签署。公约不仅就国际行动的具体原则方面达成了共识,还促使附件一所列的发达国家缔约方就温室气体减排水平、资金与技术支持等问题做出了初步的承诺。[②] 因此,只是

---

① See General Assembly, *Protection of Global Climate for Present and Future Generations of Mankind*, A/RES/43/53, 6 December 1988.

② See UN, *United Nations Framework Convention on Climate Change*, FCCC/INFORMAL/84 GE. 05 - 62220 (E) 200705, 1992.

在斯德哥尔摩会议20年后,联合国有关全球气候变化问题的相应机制才被正式建立起来,国际社会终于在应对气候变化的共同政治行动方面取得初步共识和重大突破。

三、第三阶段:20世纪90年代中期至今

这一阶段的气候变化议程是在科学、政治、经济与社会三个层面上展开的,但其重心却开始从科学、政治层面向经济与社会层面倾斜。因为科学的结论与技术指导最终需要借助企业家们以及社会公众的理解、检验、实践才能产生真正的力量;政治原则与行动计划最终也要在企业与社会的生产和生活中才能得到真正的执行。因此,有关气候变化问题的科学共识和政治成果的意义终究需要得到经济与社会层面的贯彻或体现。

自1994年UNFCCC生效之后,基于在科学层面继续提升有关气候变化问题的确定性以及为进一步行动提供相应建议的需要,更基于具体落实、推动UNFCCC所达成的框架协定与承诺进而更加全面有效地构筑起气候变化应对机制的需要,从1995年起,公约秘书处开始每年组织UNFCCC缔约方会议,表4-1列出了这些会议所取得的主要进展。

表4-1 1995~2012《联合国气候变化框架公约》缔约方大会进展情况

年份	届次	会议地点	主要进展
1995	1	德国柏林	通过"柏林授权",授权特设小组为起草包含减排目标与时间表的议定书继续谈判;建立附属履行机构与附属科学技术咨询机构
1996	2	瑞士日内瓦	通过《日内瓦宣言》,支持联合国政府间气候变化专门委员会在其第二次评估报告中的发现与结论,要求订立具有法理约束力的目标与减排量;柏林授权小组已做好为议定书谈判的准备

(续表)

年份	届次	会议地点	主要进展
1997	3	日本京都	形成并通过《京都议定书》,以之作为实施 UNFCCC 的具体机制;其中规定联合履约、排放交易、清洁发展 3 种执行手段,并规定 UNFCCC 附件 B 中的发达国家应在 2008 ~2012 年期间使其温室气体排放量在 1990 年基准线上削减 5%
1998	4	阿根廷布宜诺斯艾利斯	通过《布宜诺斯艾利斯行动方案》,准备第一次《京都议定书》批准国会议
1999	5	德国波恩	决定履行《布宜诺斯艾利斯行动方案》,促进《京都议定书》早日生效。要求各国及附属机构加强准备,对所有议题进行有效协商
2000	6	荷兰海牙、德国波恩	通过执行《布宜诺斯艾利斯行动方案》的决议草案—《波恩协议》;协议涉及 UNFCCC 的基金、发展中国家的冲突与协调、碳汇达到减排目标使用上限、遵约程序和违约处罚等内容
2001	7	摩洛哥马拉喀什	通过减缓全球变暖的《马拉喀什协定》并发表部长级马拉喀什宣言;确定了清洁发展机制的规则,这些规则允许 2000 年 1 月 1 日之后实施的项目获得清洁发展机制认证的减排量;成立清洁发展机制执行理事会,由其制定具体的运作程序
2002	8	印度新德里	会议更多集中于《京都议定书》技术与操作层面的问题,关于《京都议定书》2012 年之后的目标也成为与会者关注的焦点;会议对发展中国家具有不同寻常的意义,对其而言,关于抵御气候变化威胁的适应策略及与此相关的公平问题被提上议事日程;通过《德里宣言》
2003	9	意大利米兰	仍更多地集中于技术与操作层面的问题,在森林碳汇标准上达成协议

（续表）

年份	届次	会议地点	主要进展
2004	10	阿根廷布宜诺斯艾利斯	会议就UNFCCC10年所取得的成就和面临的挑战、气候变化的影响及其适应措施和可持续发展、技术与气候变化、减缓气候变化的政策及其影响等问题进行讨论；会议还涉及UNFCCC的资金机制（气候变化特别基金、全球环境基金），并就土地、森林利用方面的做法进行深入探讨
2005	11	加拿大蒙特利尔	集中讨论能力建设、技术转让、气候变化对发展中国家和最不发达国家的不利影响问题；通过有关《京都议定书》的一揽子执行规定，意味着《京都议定书》将开始全面执行；决定启动《京都议定书》2012年之后第二承诺期谈判
2006	12	肯尼亚内罗毕	达成包括“内罗毕工作计划”在内的几十项决定，以帮助发展中国家提高应对气候变化的能力；在管理“适应基金”问题上取得一致，基金将用于支持发展中国家具体的气候变化适应活动
2007	13	印度尼西亚巴厘岛	达成“巴厘岛路线图”，决定到2009年结束制定新的温室气体减排协议谈判，保证新协议到2013年生效；决定采取进一步行动减少发展中国家因森林砍伐造成的温室气体排放，由发达国家提供融资建立适应基金，使之于2008年开始运作；强调促进发展中国家适应气候变化、技术开发与转让、完善资金机制；把美国纳入进来，强调所有发达国家约缔方要履行可测量、可报告、可核实的减排责任
2008	14	波兰波兹南	通过2009年工作计划，决定启动“适应基金”，同意给予“适应基金委员会”法人资格，并保障发展中国家直接进入该委员会的权利；强调对发展中国家的适应能力、资金、技术支持。通过召开部长圆桌会议，决定次年6月将制定出应对气候变化新协议的第一个谈判文本，3月底4月初将在德国波恩举行会议讨论，以便12月丹麦哥本哈根的气候变化大会就2012年后应对气候变化问题达成新协议

(续表)

年份	届次	会议地点	主要进展
2009	15	丹麦哥本哈根	达成不具法律约束力、由各国自愿遵守的《哥本哈根协议》,维护"共同但有区别的责任"原则,决定延续"巴厘路线图"制定的谈判进程,由《联合国气候变化框架公约》和《京都议定书》两个条约工作组继续谈判,争取2010年底前完成相关工作
2010	16	墨西哥坎昆	通过《联合国气候变化框架公约》和《京都议定书》两个工作组分别提交的决议,坚持"共同但有区别的责任"原则和"双轨制",原则上承认存在《京都议定书》第二减排承诺期,决定设立绿色气候基金,承诺到2020年发达国家每年向发展中国家提供至少1000亿美元,帮助发展中国家适应气候变化
2011	17	南非德班	决定建立德班增强行动平台特设工作组,决定2013年起实施《京都议定书》第二承诺期。决定正式启动"绿色气候基金",并成立基金管理框架。还决定制定监督与核查减排的大体规则,保护森林,以及向发展中国家转移清洁能源技术
2012	18	卡塔尔多哈	通过《京都议定书》(修正案),从法律上确保2013年实施《京都议定书》第二承诺期,但加拿大、新西兰、日本、俄罗斯决定不参加第二承诺期;通过长期气候资金决议,重申2020年前发达国家向绿色气候基金每年入款1000亿美元的目标;还通过德班平台以及损害损失补偿机制的有关决议

资料来源:UNEP,"COP/SB archives",available at http://unfccc. int/meetings/archive/items/2749. php,accessed on 11 September 2007;"COP 13,CMP 3,SB 27 & AWG 4",available at http://unfccc. int/meetings/cop_13/items/4049. php, accessed on 16 December 2007;"Meetings Archive",available at http://unfccc. int/meetings/archive/items/2749. php,accessed on 12 July 2009. "COP 15",available at http://unfccc. int/meetings/copenhagen_dec_2009/session/6262. php, accessed on 23 December 2011;"COP 16", available at http://unfccc. int/meetings/cancun_nov_2010/session/6254. php, accessed on 12 December 2010;"COP 17""", available at http://unfccc. int/meetings/durban_nov_2011/session/6294. php, accessed on 26 December 2011; COP 18", available at http://unfccc. int/meetings/doha_nov_2012/session/7049. php, accessed on 25 December 2012.

通过表 4-1,我们大体可以看到这样一种趋势,即联合国气候变化议程自 1995 年以来被不断加强和具体化。在目标上,它侧重于追求强制性的减排数量;在方法上,它侧重于获取并利用有效的可操作措施、市场工具、经济手段,侧重于经济与社会层面广泛的能力建设和适应策略;在对象上,侧重于对发展中国家进行环境友好的技术转让和资金支持;在原则上,它注重于构建具体的指令性规则,希望能对所有缔约方产生特定的拘束力、执行力。

但另一方面,我们也能清晰地看到,越是加强和具体化,气候议程或气候谈判就越是进入到一种涉及和逐渐暴露各缔约国实质意图、能力与实施条件的"深水区",在国家或国内因素影响下,达成具有拘束力和执行力的条约与行动安排、行动细则的难度就越大。发达国家的减排意愿正逐步松缓,发展中国家则力图抱团合力与发达国家谈判,希望争取能于己有利的结果。但无论如何,节能减排的绿色大趋势已经无法阻挡。

与此同时,IPCC 的专家们又分别于 1995、2001、2007 年公布了 3 份评估报告。1995 年报告认为"证据对比表明,对全球气候来说,存在可辨认的人类影响"①。2001 年的报告则提出"新的、更有力的证据"表明"过去 50 年观测到的增暖主要是人类活动造成的",其"可能性"达到 66%;并预测人为因素导致的气候变化将变得越来越强,气候变暖发生得更快,极端气候事件的频率和范围也

① IPCC, *Climate Change* 1995: *Impacts, Adaptations and Mitigation of Climate Change: Scientific - Technical Analysis*. Quoted in UNEP, *Global Environmental Outlook* 3, P. 215.

都会增加。① 2007 年的报告则把人为导致全球变暖的“可能性”提高到了 90% 以上,并指出世界大部分海洋和五大洲的自然系统都有迹象显示出气候变化的影响,洪水、干旱、台风等自然灾害频率都将增加。② 实际情况正说明,气候变化所致危害的复杂性、严重性、广泛持续性自 20 世纪 90 年代中期以来已被更加全面地反映出来。1997 ~1998 年的厄尔尼诺事件实际影响到了全球的每个地区:东部非洲、拉丁美洲和加勒比地区遭受干旱和异常高降水量,东南亚和北美遭遇异常变暖,南亚遭受干旱,太平洋诸岛遭遇高降水量;1.1 亿多人受灾,直接经济损失超过 340 亿美元。③ 海洋系统已受到气候变化的巨大威胁:海平面上涨、海水表层温度升高并富营养化、洋流变动,沿海生态系统以及依赖于沿海生态系统的经济部门因此受到严重影响。自然系统也面临气候变化的威胁:冰川、珊瑚、极地、高山生态系统、草原湿地、原始草地、生物多样性等被破坏或丧失,野火频繁发生。而人类系统在频频发生的极端气候灾害或环境灾害面前更是脆弱:大批房屋、食物储备、交通和通信等基础设施被破坏或损毁,大量人口因大风、洪水、巨浪而受灾、死亡或被迫转移,农业产量大幅降低,水资源以及粮食短缺,疾病发生频率增加;并且由于应对能力的巨大差异,与发达国家相比,发展中国家所遭受的危害尤甚,与富人相比,穷人所受的危害尤甚。④

严峻的气候变化形势不仅令科学家们担心,也让政治家们深为忧虑。它不仅是联合国前任秘书长安南努力解决的重要问题,更成

---

① IPCC,*Climate Change* 2001:*The Scientific Basis. Contribution of Working Group I to the Third Assessment Report of the Intergovernmental Panel on Climate Change*. Quoted in UNEP,*Global Environmental Outlook* 3,P. 214.

② See Working Group I of IPCC,“The fourth assessment report (AR4) ‘The physical science basis of climate change’”.

③ UNEP,Global Environmental Outlook 3,P. 272.

④ Ibid. ,P. 29 ~300.

为新任秘书长潘基文最优先考虑的议题之一。2007 年 7 月 31 日至 8 月 1 日,联合国首次在其总部对气候变化问题举行专门的会员辩论大会,气候变化问题在会员国当中得到广泛的辩论与磋商,[①]终于使其在政治层面上得到了它应该得到的最大关注。为了继续推进针对气候变化问题的多层面联合行动,2007 年 8 月 27 日,联合国又于维也纳举行气候变化会谈,召集来自政府、工业界与研究机构的千余人共聚维也纳,商讨如何联手应对气候变化问题。[②] 2007 年 12 月 3 日至 15 日,联合国又于印尼巴厘岛召开气候变化大会暨 UNFCCC 第 13 次缔约方大会,为进一步落实 UNFCCC、《京都议定书》和制定新协议设定时间表与安排。[③] 该会议达成的"巴厘路线图",也成为指导 2008 年以来历次气候变化大会的谈判依据,为相关气候协议、气候基金、减排目标及承诺期、行动计划和有关共识的达成发挥了重大作用。

在专家以及政治家们进行严肃磋商的会场之外,各种环境非政府组织也往往会同时发起各种相关活动,气候变化问题也因此受到了社会公众的强烈关注,并越来越多地登上众多媒体、报刊的头条位置。在 2005 年蒙特利尔第 11 次 UNFCCC 缔约方会议现场外,绿色和平组织(Greenpeace)、世界自然基金会(WWF)以及地球之友(FOE International)等环保组织发起了 4 万人的大游行。[④] 在 2006

---

① UNEP,"Informal thematic debate:Climate change as a global challenge",available at http://www. un. org/ga/president/61/follow - up/thematic - climate. shtml,accessed on 11 September 2007.

② UNEP,"Vienna climate change talks 2007",available at http://unfccc. int/meetings/intersessional/awg_4_and_dialogue_4/items/3999. php,accessed on 11 September 2007.

③ UNEP,"COP 13,CMP 3,SB 27 & AWG 4",available at http://unfccc. int/meetings/cop_13/items/4049. php,accessed on 16 December 2007.

④ 参见喻捷,"联合国气候变化公约谈判现场汇报",http://www. greenpeace. org/china/zh/campaigns/stop - climate - change/our - work/blog - montrealmeeting,2007 年 9 月 14 日。

年内罗毕 UNFCCC 缔约方会议之际,也有近 3000 名肯尼亚社会各界以及来自世界多个非政府组织的代表走上街头,通过游行的方式呼吁人们关注气候变化对全球特别是非洲所造成的重大影响。① 法国的“保护地球联盟”等数十家环境组织则在 2007 年 2 月 IPCC 巴黎会议之际联合发起了“停电节能 5 分钟”活动,希望全体法国公民和机构在 2 月 1 日晚关灯断电 5 分钟,借此向浪费能源行为宣战;由于一些网民的积极参与,这项原本是国家性的倡议发展为一项国际性的行动。②

更重要的是,环境标准以及环境友好的技术措施也逐步得到了企业与公众的支持和认可,越来越多的企业和公众开始自觉接受约束,甚或采取行动改变自己的生产与生活方式。国际标准化组织(ISO)根据联合国环境与发展大会加强环境管理、实现可持续发展的要求,在 1993 年 6 月成立环境技术委员会(TC207)的基础上开始规划企业环境管理标准的制定工作,并于 1996 年开始颁布 ISO14000 环境管理体系认证标准。③ 全球产业界对此给予了高度重视,根据 ISO 报告,全球已有超过 75 万家公司通过了 ISO14000 认证。④ 另外,“碳中和”(carbon neutral)⑤也已成为西方社会公众和企业为减缓全球变暖所

---

① 参见新华网,“内罗毕举行应对气候变化的游行活动”,http://news.xinhuanet.com/world/2006-11/11/content_5318213.htm,2007 年 9 月 14 日。

② 参见新华网,“法国发起停电节能 5 分钟活动”,http://news.xinhuanet.com/world/2007-02/01/content_5682795.htm,2007 年 9 月 18 日。

③ ISO/TC207, “About ISO/TC207”, available at http://www.tc207.org/about207.asp, accessed on 20 September 2007.

④ BCC Research, “The global market for energy management information systems”, available at http://www.bccresearch.com/RepTemplate.cfm?ReportID=178&cat=egy&RepDet=SC&target=repdetail.cfm, accessed on 20 September 2007.

⑤ “碳中和”(carbon neutral)主要是指计算二氧化碳的排放总量,然后通过植树等方式把这些排放量吸收掉,以达到环保的目的。自 1997 年问世以来,“碳中和”的概念在西方逐渐走红,并实现了从“前卫”到“大众”的转变。2007 年版新牛津美国字典(New Oxford American Dictionary)公布该词为 2006 年年度词汇,并将其列入新版字典。

作的努力之一，利用这种环保方式，企业及公众个人都可以通过自己或专门企业、机构的植树活动或其他环保项目抵消自己所产生的二氧化碳量。其中较有代表性的，如世界最大日杂品零售商特斯科集团(Tesco)给其所售商品贴上"碳足迹"标签，告诉消费者生产、加工、运输这些商品所产生的二氧化碳总量，试图抵消其对全球变暖所造成的负面影响。[①] 总部位于伦敦的汇丰银行也做出承诺，希望成为一家完全"碳中和"的环保型公司。[②] 企业家们已经开始意识到，关注气候变化除了形势所迫之外，更关系到企业的品牌形象和发展前景；环保不只是一种压力，更是一种发展的机遇。

小　结

通过以上叙述，我们大体可以看出：联合国气候变化议程并不是一次性在科学、政治、经济与社会 3 个层面上展开的，其重心基本遵循着科学→政治→经济与社会这样一个顺序，并最终在 3 个层面上相互交织；而问题情境、行为体角色、规则等主要变量在每个层面上也各有侧重，并最终联结作用。另一方面，这些层面以及变量间相互作用的复杂性越强，联合国在气候变化问题上所具有的中心地位就越有可能被加强和深化。因此，该个案可以初步检验前文有关全球环境话语与联合国全球环境治理机制相互建构关系的基本观点。

---

① Tesco, "Measuring our carbon footprint", available at http://www.tesco.com/climatechange/carbonFootprint.asp, accessed on 20 September 2007.

② HSBC, "HSBC wins environmental performance award", available at http://www.banking.hsbc.com.hk/hk/aboutus/press/content/07feb06e.htm, accessed on 20 September 2007.

第五章
全球环境事务若干问题及未来展望

全球环境问题是复杂的,任何一种单一维度的研究或者说每一步探索都只能算是窥得冰山一角,甚至连这冰山一角都有可能被错过。因此,本章试图在前文论述的基础上对当前全球环境事务中存在或广受关注的一些问题进行思考,并对全球环境事务的前景作一定程度的展望。

第一节　当前问题与思考

对全球环境事务的研究,让人感触更多的仍是问题之深杂,其重要者体现在以下几个方面,而在前述理论研究基础上对这些问题所做的思考也只能是初步的。

一、全球环境话语与环境机制建设成果同全球环境退化间的反差

对环境问题保持高度关注者可能会注意到,新千年以来,人类在频繁的环境灾害面前依旧脆弱。甚至可以说"在许多地区,目前的环境条件比 1972 年时的条件变得更加脆弱,退化的也更加严重。"①因此,从表面来看,全球环境的退化便同全球环境话语以及环境治理机制方面所取得的成就形成了一种矛盾或反差。这对笔者所能获得的论证结果仿佛造成了某种严重的挑战。但通过冷静和

---

① UNEP, *Global Environmental Outlook* 3, P. 297.

深入的思考就会发现，这种所谓的“矛盾”或“反差”仍可依据笔者所论证的基本框架得以理解，它可能与笔者所强调的三个层面的建构过程有关。

首先，该“矛盾”或“反差”反映出了科学过程从不确定性到确定性的一种探索特征。在认知全球环境问题、应对全球环境事务的过程中，专家们尽管可以为其构建某种认识或理解框架，从而在此基础上提供某种可能或可行的指导，但这种框架本身在经历实际验证之前通常都是假说性质的陈述。① 因此，一方面，全球环境话语或联合国全球环境治理机制所取得的进展、成就与全球环境问题实际状况及其治理结果之间的联系仍有待专家们进一步的证明。另一方面，环境话语或环境治理机制自身是否有着某种内在缺陷也有待专家们进一步的确定甚或修正。从全球环境话语与联合国全球环境治理机制 30 多年的演进情况分析，二者都在不断加强对全球环境问题实际状况的探查与联系，不断修正自身内在缺陷；反过来说，话语与机制对全球环境问题实际状况并非完全一致的附合程度、两者自身所存在的内部缺陷可能是造成这种“矛盾”或“反差”的重要原因之一。

其次，这种“矛盾”或“反差”的存在可能说明，环境要素仍未能较好地融入全世界为谋求富足生活所进行的经济与社会发展过程当中，或者说，这种环境与经济、社会发展的协调乃至相融仍只是一种进行时态，在不同的历史境域下可能会产生不同的结果。一方面，即使发达国家的环境政治实践“既不是生态主义的或任何意义上的深绿色的，也不是一定有效的或最有效的”②。另一方面，广大发展中国家对环境话语的学习与理解、对环境治理机制的应用与改

---

① 〔日〕丸山正次：《环境政治学在日本：理论与流派》，见郇庆治主编《环境政治学：理论与实践》，山东大学出版社 2007 年版，第 53 页。

② 郇庆治主编：《环境政治学：理论与实践》，导言部分第 2 页。

进,仍旧需要一个长久的过程;简单模仿发达国家已有的实践经验,对发展中国家而言可能并非幸事,所产生的结果也不一定是一致的、有效的。因此,环境要素的融合问题可能是造成这种“矛盾”或“反差”的另一项重要原因。

最后,对环境话语以及环境治理机制的学习、践行必须跨过现有的民族国家的政治或军事边界,并最终在国家层面以及次国家的地方层面上才能展开和实现。但目前依旧稳固的国家中心主义的思考与主权国家政治实践或许为全球主义的环境话语和环境治理机制的学习、实践造成了障碍;这种全球主义的环境话语以及环境治理机制对国家及地方层面的监督、约束仍旧乏力。因此,分立的国家中心主义的主权政治实践可能是造成这种“矛盾”或“反差”的又一个重要原因。

可以肯定的是,如果主权国家的政治边界仍保持传统的稳定性,人们对全球环境问题到底“是什么”仍存太多的犹疑,全世界谋求富足生活的目标仍未与环境要素很好地融合在一起,全球环境话语与联合国全球环境治理机制间的这种建构进程就将持续下去,甚或被不断强化。

二、全球环境问题的认知维度与环境话语的代表性问题

全球环境问题的认知维度主要有两个:一是人类中心主义,二是生态中心主义。① 以不同的维度认知环境问题,其结论往往有着

---

① 人类中心主义往往把人类的价值与利益置于一切非人类世界之上,对人类利益给予反对其他生命利益的、排他性的考虑;生态中心主义则承认最大限度的人类在非人类世界中的利益以及非人类共同体的利益,因而具有一种生物圈内的平等主义色彩。参见〔英〕安德鲁·多布森著,郇庆治译:《绿色政治思想》,山东大学出版社 2005 年版,第 65 ~ 78 页;John S. Dryzek, *The Politics of the Earth: Environmental Discourses*, P. 184 ~ 185.

当然,还有浅绿与深绿、悲观主义与乐观主义等认知划分方式。浅绿色(转下页)

本质的不同。人类中心主义的认知维度所产生的,大多是对具有或强或弱的排他性特点的人类私利的追求。而生态中心主义的认知维度所能产生的,则应是对人类世界与非人类世界利益的平等眷顾。

从人类中心主义的认知维度出发,全球环境问题既然需要"治理",那么,它也许在环境政治甚至说环境因素所引发的政治——社会互动的意义上才能得到更好的理解;而问题的实质则可以被归结到有关权力——知识——权利关系的理解与安排上。由此,我们或能将前面的结论加以引申,即掌握全球环境问题的话语权,就能有效地影响联合国全球环境治理机制建构。反过来说,在联合国全球环境治理机制中占据主导位置,也能有力地影响在全球环境问题方面的话语建构。

(接上页)环境观或环境主义往往孤立地看待环境问题,强调一种对环境问题的技术解决和管理方法,确信环境问题可以在不需要根本改变目前的价值或生产与生活方式的情况下得以解决;深绿色环境观或生态主义则更具洞察力,能够看到环境问题背后深层的社会及政治原因,认为要创建一个可持续的、使人满足的生存方式,必须以人类与非人自然世界的关系和人类的社会与政治生活模式的深刻改变为前提。对浅绿与深绿环境观或环境主义与生态主义的总体描述,可参见诸大建:《绿色前沿译丛总序》,见〔美〕诺曼·迈尔斯《最终的安全:政治稳定的环境基础》;〔英〕安德鲁·多布森:《绿色政治思想》,第 1 ~ 47 页。

悲观主义以罗马俱乐部为代表,认为地球的承载能力是有限的,不可能支撑人类社会在经济与人口等方面的无限增长,认为环境与经济不可协调,常常散发出对人类未来的悲观情绪甚至反对发展的消极意识。乐观主义则以美国赫德森研究所所长赫尔曼·卡恩(Herman Kahn)、经济学家居利安·西蒙(Julian Simon)、哈罗德·巴尼特(Harold Barnett)等人为代表,他们对罗马俱乐部的观点提出了批评,并从长远角度观察现实问题,认为人类具有掌控自然的能力,依靠人类的技术与能力可以实现经济增长,解决环境问题。John S. Dryzek, *The Politics of the Earth*: *Environmental Discourses*, P. 27 ~ 71; 井文涌、何强主编:《当代世界环境》,中国环境科学出版社 1989 年版,第 71 ~ 73 页。

但若从生态中心主义的认知维度出发,对上述权力——知识——权利关系的理解与安排就要发生重大变化。人类只能作为其中一种生命体而赖以存在的生态环境或者说大自然即成为这种理解与安排的另一条基线。在人类世界与非人类世界之间就很难再有高高在上的最终控制者,相互的制约与平衡将成为认知和处理各种关系的根本法则。

因此,权力就不仅仅是人类对自然的支配以及在人类社会关系中对这种支配关系的简单或复杂移植,自然对人类的影响力将被重新认识。知识也不再仅仅是以人类自我为中心,而只是更大的生态圈的一部分,它必须考虑到大自然本身的意义。相应的,对权利的诉求也要融入自然的成分并顾及对自然的责任。所谓的"话语权"其意义恐怕也要改变,因为除了人类社会能表达自我以外,自然也能发出有力的声音甚或用其他方式表达自己。于是,所谓的"权威场域"①、"生态民主"②、"生态公民权"③等语汇也就不再那么晦涩难解了。

而既有的主流环境话语作为人类认知环境问题的一种共有方

---

① "权威场域"与传统政治边界并不必然一致,它所强调的是一种能导致人群认可或服从的能力范围。主权国家能形成权威场域,大量的超国家组织、非政府组织也能形成自己特有的权威场域。参见詹姆斯·罗西瑙:《全球新秩序中的治理》,第74~82页。

② "生态民主"是一种没有政治边界的民主,它将模糊人类社会系统与自然系统之间的界线,在这种民主体制下,一系列打破现有边界的民主论坛或网络组织将会被建立起来。下篇还将对其加以阐述。John S. Dryzek, *The Politics of the Earth: Environmental Discourses*, P. 235~236.

③ "生态公民权"意味着公民个体应当尊重自然所承载的价值,并充分考虑其对自然的监护伦理与义务,尽可能地减少生态空间的占用,甚或具有其他更多内容。下篇还将对此概念加以阐述。John S. Dryzek, *The Politics of the Earth: Environmental Discourses*, P. 189;〔英〕安德鲁·多布森:《政治生态学与公民权理论》,见郇庆治主编《环境政治学:理论与实践》,第20页。

式,主要表达了人类社会对环境问题的思考,其出发点仍是人类中心主义的。或者说,它们目前所反映的仍旧是人类社会的需要,其主旨是人类社会的生存与发展,往往会自觉或不自觉地把人类的价值与利益置于一切非人类世界之上。因此,从科学过程的角度来说,当前的环境话语对非人类世界而言仍旧缺乏代表性,这种代表性的缺乏可能对环境话语本身造成较大缺陷,因为它并不完整,还无法充分、真实地反映全球环境问题自身的实际状况。

现有的生态中心主义的环境话语虽然在一定程度上能够反映出非人类世界自身的可能状况,却往往也容易陷入激进甚或极端思维而无法广泛实践,它们还无法作为一种主流环境话语获得实业界与社会公众的广泛接受。[①] 对此,在科学层面上,我们尚需在单一物质取向的经济人假设的基础上构设一种更为广泛、平衡的生态人假设,从而把现有的经济理性转换为一种更加深刻的生态理性;更需寻求一种能够妥善推进生态中心主义维度或者说生态理性在人类社会应用实践的适当方法和手段,使其摒弃极端色彩并同时获得社会精英以及广大民众的自觉理解与认同,从而真正把人类世界与非人类世界平衡地联结起来。

三、环境话语、环境治理机制的主流化问题

正如笔者所试图强调的那样,生态环境是人类生存与发展的基础,为了人类的未来,必须把环境要素融合到经济运作、社会组织当中。甚至说,应当把环境议题及与其相应的制度建构放在其他所有议题及制度建构之前。但目前看来,环境要素在经济与社会层面的进展并不顺利。

---

① 约翰·德赖泽克在《地球政治学:环境话语》中为我们介绍了生态中心主义所产生的各种激进意识与政治运动。John S. Dryzek, *The Politics of the Earth: Environmental Discourses*, P. 181 ~ 227.

对环境话语而言,其本身自呈体系,笔者在前文中已经描述或讨论过全球环境话语体系自身的演变情况。尽管其内部已经表现出明显的话语间竞争以及相应的主流更替特征,但与人类社会所面临的经济、政治、军事乃至文化等议题相比,有关环境议题的探讨在更多区域仍旧是边缘性的,它并没有被完全纳入主流议题之列。与此相应的是,环境治理机制在构成上也具有系统性。但它与当今世界经济体系乃至世界政治体系的构建或改革相比,在更大程度上同样表现出了某种附属特征。因此,尽管环境议题以及环境治理机制的构建在频发的环境灾害面前已经显得愈发重要,但到目前为止,它们在更大的国际议题或国际制度范畴内却并非主流。换句话说,它们在主流化方面遇到了某种障碍。

从已有经验和现时呼吁来看,使其主流化的方法一方面要推进环境教育、建立世界性的环境论坛或绿色公共领域,从而促进全球话语学习与沟通;另一方面是把世界环境事务与世界经济事务、政治事务相对分离并为之构建相应的环境组织体制,突显和提升其在整个世界秩序建设中的重要性,而不是像往常那样更多地把它作为经济、贸易等事务的一部分。

但这些方法是否能够有效针对两者在主流化方面所遭遇的主要障碍,甚或说这些障碍到底是什么,克服的可能性有多大,方法的可行性又如何,仍需我们进一步调研和思考。笔者由于把重点放在了对环境话语与环境治理机制相互关系的研究上,对其在更大范畴内的主流化问题并没有做深入探讨。而在近年频发且破坏力不断增强的环境灾害所造成的紧张形势面前,对这一课题的研究就显得愈加重要——找到并解决阻碍两者主流化的主要症结,将切实有助于推动全球环境事务与发展事务一体化进展。

四、全球环境安全共同体追求与实践机制的分裂问题

从概念范畴而言,作为一种新型的集体安全,环境安全所反映

的是整个人类共同体对不仅能够赖以生存而且力图使之良好的地球生态空间的需要或追求。全球环境危机的存在以及全球环境治理的兴起则为这种以环境为基础的人类安全共同体或者说全球环境安全共同体的建构提供了外在动力与可能性。因为全球环境问题没有特定的边界,全球环境事务能够在更大程度上充作国际社会构建真正意义上的安全共同体的平台。

但在现实政治当中,这种安全共同体的建构并没有表现出特有的完整性或共同体特征。甚至可以说,其实践机制总是反映出或强或弱的分裂倾向。与更具跨边界性的专家、活动家或企业家们相比,局限于某种传统政治思维习惯的政治家们对权力的竞逐在更大程度上对这种全球环境安全共同体的建构造成了障碍。进一步说,发达国家与发展中国家或者说南北双方在历史中形成或主动为自己划定的不同世界位置、所造成的群体间差异以及由此引出的一系列连锁问题,使全球环境安全共同体概念所力图保育的“一个世界”图景的实现困难重重。因此,尽管环境安全的概念业已得到广泛的传播或理解,人类环境(环境与发展)大会也多次得以召开,诸如联合国环境规划署、世界环境组织等有关全球环境安全共同体的理论与现实雏形却备受争议;人类在现实中所能获得的往往只是一种“次优性”的“国际或跨国环境安全架构”①。

很明显,在人类所能认知到的生存危机再度凸现之前,要使21世纪的全球环境安全共同体追求具备一定的现实基础,无论北方还是南方都必须在建构现代权威的政治过程中做出关键改变。在观念层面上,双方都必须认识到一个良好的地球栖息地是全体人类社会的共同依靠,人类在全球环境问题面前具有共同命运,全球环境问题只有通过合作才能得到解决。现有的环境话语讨论甚或某种

---

① 郇庆治:《环境政治国际比较》,第31页。

话语主流地位的确立、维持与变革,以及全球环境事务的持续进展,都必须以另一方的参与、合作为基础。在实践当中,双方则必须共同努力,找到一条能够在不同边界内保证并推动这种合作战略或合作框架得到有效落实的具体途径。但目前看来,全球合作的理念易被认同,穿越不同边界时的合作行动却不易推进。因此,对21世纪的全球环境安全共同体追求而言,寻求一种有效的能够跨越不同边界的合作行动路径乃当务之急。

第二节　未来全球环境事务展望

30多年来,随着全球环境问题在科学确定性方面的不断进展,以及人类社会对新型治理理念和环境价值接受程度的不断增强,国际社会全球环境合作的步伐在逐渐加快。一种趋向乐观的全球环境事务前景也愈加值得期待。

一、持续改进的联合国全球环境治理机制

诚如前文所述,自1972年尤其是1992年以来,联合国在全球环境治理机制建设上不断扩展,原则不断深化;2002年的可持续发展世界首脑大会则试图从战略执行方面改进或强化其治理作用。因此,联合国全球环境治理机制在总体上始终处于一种持续的建构进程当中。而且,不论是从话语讨论的角度也即科学界所进行的理论探讨与国际社会的政治呼吁或承诺,还是从机制实践的角度也即它已经作出的实际努力与贡献来看,它仍将在未来的全球环境事务中发挥重要作用。

从话语讨论的意义上说,一方面,西方发达国家提出的诸如"气候变化20国领导人会议"、"西方八国峰会"等大国共治模式尚无法得到更为广泛的国际社会认同,要求联合国在全球环境事务方面推

进内部改革、加强内外协调甚至领导能力仍是国际社会的一种主流呼声。另一方面，科学界有关世界环境组织模式的各种研究或假设，仍主要以现有的联合国全球环境治理体系为基础，或改进或重组，并未完全将其排除在外。①

从机制实践的意义上说，一方面，有关世界环境组织的机构性质与管治功能、其与联合国环境规划署的关系等问题，尚在不同发展水平的国家间存有一定的立场冲突，②这种冲突所表明的问题复杂性或许在某种程度上为现有联合国全球环境治理机构的介入提供了政治机会。另一方面，联合国及其专门机构30年来在全球环境事务中业已作出的实际努力与贡献，尤其是新任秘书长潘基文上任以来对全球环境事务的高度关注与努力协调，使得国际社会必须考虑制度重建的成本或路径依赖等因素。

但由于全球环境问题本身的复杂性，又加之它在治理实践中往往与政治、经济、社会事务复杂关联，在愈加迫切的环境认知与合作要求面前，联合国全球环境治理机制在运作效果或代表性方面的缺陷愈发明显。因此，可以预期，为在21世纪全球环境事务中发挥应

---

① 其中较有代表性的是，德国学者弗兰克·比尔曼曾以世界环境组织所具有的不同权力和约束力为标准，把世界环境组织分为合作型、集中型、等级型三种模式。合作型模式主要是说保存现行参与全球环境治理的各类联合国机构的分散性，世界环境组织则在现有机构中发挥协调作用，而联合国环境规划署可以被升格为这样一种世界环境组织；集中型模式试图把所有参与全球环境治理的国际机构的治理职能整合在一个共同框架之内，并订立类似WTO式的共同协定与原则，这种集中型世界环境组织将建立监督多边环境协定执行情况的定期报告制度和争端解决制度，任何成员国都享有批准多边环境协定的权利与义务；等级型世界环境组织则是类似于联合国安理会式的机构，它享有全球环境保护的权力，有权在成员国不执行环境标准时对其实施惩罚。Frank Biermann, *The Case for a World Environment Organization*, *Environment* 42/9 (2000), P. 22 ~ 31. 也可参见周茂荣、聂文星：《国外关于世界环境组织的研究》，载《国外社会科学》2004年第1期，第36 ~ 41页。

② 郇庆治：《环境政治国际比较》，第30 ~ 31、33 ~ 34页。

有的功能或作用,现行的联合国全球环境治理机制仍会主动或被动地持续改进,而改进的方向与程度则可能与环境话语的范式和深度密切相关。

二、不断改善的南北关系

发达国家与发展中国家或者说南北双方是全球环境事务的主要行为体,一种良好、稳定、合作的南北关系对全球环境事务能否取得更大进展至关重要。自20世纪90年代以来,联合国为促使南北双方“进一步发展共同的认识和共同的责任感”①付出了持续努力。

1992年联合国环境与发展大会在《里约环境与发展宣言》中指出发达国家与发展中国家对全球环境问题负有共同但又有区别的责任,并试图为其建立一种新的、公平的全球伙伴关系。② 发达国家在宣言中承认,鉴于他们“给全球环境带来的压力,以及他们所掌握的技术和财力资源,他们在追求可持续发展的国际努力中负有责任”;而“发展中国家、特别是最不发达国家和在环境方面最易受伤害的发展中国家的特殊情况和需要应受到优先考虑”。③

2002年可持续发展世界首脑大会则明确指出了发达国家与发展中国家间日益扩大的差距对全球繁荣、安全与稳定所造成的重大威胁,并试图通过包含财政与技术援助、教育和能力建设方案在内的具体执行计划进一步为双方建立一种建设性的伙伴关系。④ 同时,2002年以来的历届UNFCCC缔约方会议也力图在针对发展中国家的能力建设、技术转让、资金支持方面取得重大进展。⑤

① 世界环境与发展委员会:《我们共同的未来》,前言部分第12页。

② UNCED, *Rio Declaration on Environment and Development*.

③ Ibid., principle 6 ~ 7.

④ WSSD, *Johannesburg Declaration on Sustainable Development*.

⑤ 可参见前文第三章“表3-1:历次《联合国气候变化框架公约》缔约方大会进展情况”。

更为重要的是，在2007年印尼巴厘岛召开的联合国气候变化大会上，不仅澳大利亚加入了《京都议定书》，最大温室气体排放国美国也在广大发展中国家的强烈呼吁下最终妥协，同意大会共识和“巴厘岛路线图”。该路线图明确规定包括美国在内的所有UNFCCC发达国家缔约方都要履行“可测量、可报告、可核实”的温室气体减排责任，并同时规定发展中国家也要在发达国家提供“可测量、可报告、可核实”的资金、技术支持下采取适当减排行动。①

通过联合国对有关环境、发展与筹资等问题的一系列努力协调，以及南北双方对全球环境事务的积极参与和公开对话，尽管南北双方间的差距仍然存在甚或扩大，双方关系中也仍有诸多障碍，但双方原有的、对立性的传统观念已开始发生变化，有关合作发展、共担责任的认识正在逐渐清晰。

对南方国家而言，它们已开始重新审视自己所坚持的传统意义上的贫困、稀缺、权力等概念。它们正逐步认识到，贫困不仅指经济的贫困，还应包含环境的贫困。同样，稀缺不仅表现为土地、矿物、水、森林、石油等传统资源、能源的缺乏，更会表现为某种良好环境的缺乏；而只要缺乏，就会形成价值。权力也不再仅仅意味着自上而下的支配力量，还要延展至自下而上、从内到外的广泛接受与认同，并因此在全球事务中承担起应有的责任。

北方国家也开始承认自己先行大量破坏环境的事实并愿意担负更大责任，还开始承认南方国家在全球环境事务中的重要性和平等地位，进而承诺为其在发挥重要性和享有这种平等地位所进行的能力建设方面做出必要、公正的援助，尽管实际交付的援助仍存在种种问题。

因此，可以预见，在愈发紧迫的全球环境形势下，双方共识将进

---

① UNFCCC, *Bali Action Plan*, available at http://unfccc.int/files/meetings/cop_13/application/pdf/cp_bali_action.pdf, accessed on 17 March 2008.

一步扩大,南北关系将不断改善;而改善的程度可能与联合国全球环境机制建构方面的实际努力相关。

诚如约翰内斯堡可持续发展世界首脑大会所宣布的那样,全球环境事务“必须是一个包容的过程”,应该让所有主要集团和政府“承诺采取联合行动,为共同的决心团结起来,以拯救我们的地球、促进人类发展、实现普遍繁荣与和平”。[1] 果如此,一种趋向乐观的全球环境事务前景则值得期待。

小 结

全球环境事务中仍有许多问题值得我们思考,这些问题在严重性上甚至可能影响人们对联合国全球环境治理机制的信心,造成该机制的分裂,从而妨碍下一步全球环境事务的顺利进行。如果全球环境话语与联合国全球环境治理机制间能够持续保持良性的互构关系,那么全球环境事务的治理前景就值得期待。反之,抛弃当前有益的环境价值,排除持续已久的联合国全球环境治理机制的中间作用,我们有可能会面临更多的困难与混乱。

① WSSD, *Johannesburg Declaration on Sustainable Development*, paragraph 34 ~ 35.

上篇总结

全球环境问题极为复杂,但其治理与应对——无论认知还是行动——都需要一种简明的线索。在认知上,我们可以通过全球环境话语的变迁历程去理解全球环境事务理论范式的演变情况。在行动上,则可通过联合国全球环境治理机制来观察全球环境事务操作范式的演变情况。并且,我们可进一步考察全球环境话语、联合国全球环境治理机制间的相互作用关系,从而最终理解全球环境事务演变的内在机理。

一、全球环境话语与联合国全球环境治理机制存在相互关系

自20世纪六七十年代以来,全球环境话语与联合国全球环境治理机制已经成为国际社会在认知、理解全球环境问题进而采取行动方面所凭借或遵循的重要途径与基点。两者在各自领域都取得了相应的成果,但二者之间并非没有关联,其相关性已开始受到国际社会的关注。

笔者通过研究认为,全球环境话语与联合国全球环境治理机制两者间存在相互关系。在过去的30多年当中,全球环境话语与联合国全球环境治理机制两者都经历了一种变迁的过程,通过简要梳理两者的变迁历程,我们可以对其进行关联性的比较,也就是说寻找两者的内在联系,从而初步得出两者存在相互关系的定性判断。在此基础上,我们同样可以参照或依据两者的外延特征并从中演化出某些统计指标,对这种相互关系进行量化分析,尽量科学地确定这种相互关系的存在状况,尽管这些量化分析可能仍然存在着诸多不足。量化分析表明,两者间所存在的相互关系在总体上是正向的,一方会随着另一方的变动而表现出同方向的变动趋势。

二、全球环境话语与联合国全球环境治理机制相互建构协同演进

我们还注意到,全球环境话语、联合国全球环境治理机制的历史变迁都主要呈现为一种演进的趋势。全球环境话语通过确定威胁、提供蓝图、定义行为期望、建构联合国在全球环境事务中的相应身份等方式,为国际社会认知和应对全球环境问题勾勒出了一条清晰的线索。自 20 世纪 60 年代以来,它已经树立了一系列有关全球环境问题及其相应事务的主流观念、通则或共识。而且在不同的时代背景下,针对不同的焦点问题,全球环境话语本身也在不断地更新自己的核心内容,从谋求生存到寻求可持续发展再到更加自信的生态现代化理论与实践,呈现出一种演进的趋势。

在全球环境话语的影响下,联合国在全球环境治理机制建构上也呈现出相应的变化,自 20 世纪 70 年代以来,有关全球环境协作与治理事务的机构不断健全、原则不断深化、程序不断开放和系统化,从而在总体上被不断地改进和加强。这些机构、原则或程序的建立可以被视为全球环境话语沟通的产物。它们有的是将话语内容直接移植而成的,比如其原则;有的则是话语共识所促成的结果,比如其机构、程序。因此,随着全球环境话语的演进,联合国在全球环境治理机制建构上也被不断推进。

反之,全球环境话语也受到联合国全球环境治理机制的影响。联合国及其专门机构通过发动和组织有关全球环境问题或事务的大讨论、设立讨论议题进而转变环境思考范式、推进环境教育等方式,促进和规约着全球环境话语的形成与发展轨迹。

因此,全球环境话语与联合国全球环境治理机制相互促进、相

互制约。相互促进表明两者具有协同演进的趋势或可能性,相互制约则使这种趋势或可能性被限定或稳定于某一范畴内。两者间持续的相互塑造使其作用关系最终可以被归结到建构性质上来。所以我们可以认为,全球环境话语与联合国全球环境治理机制相互建构、协同演进。这就在某种程度上澄清或补充了国际上约翰·德赖泽克、马藤·哈杰尔等学者有关环境话语与环境制度具有某种相互关联或二者共同进化的简明观点。①

三、两者相互建构进程的复杂性与开放性

由于全球环境问题本身的复杂性,全球环境话语与联合国全球环境治理机制相互间的建构进程也比较复杂。根据建构主义理论的某些观点,笔者进一步挖掘了影响两者相互建构的主要变量,并解析了两者相互建构的动态过程。在这些变量中,环境灾害及其所

---

① 澳大利亚学者约翰·德赖泽克在《地球政治学:环境话语》中注意到环境话语与环境制度可以共同进化。但由于其目标不在于论述两者的相互关系,因而他对两者相互关系的表述较为简单,遑论两者相互作用的基本内容与过程。同样,英国学者 W. 尼尔·艾杰等人尽管也论及到话语与政策结果的互动问题,但由于其论述范围限定于话语的演变以及话语间的相互作用,并没有分析话语与环境制度之间的复杂联系。荷兰学者马藤·哈杰尔则在论述环境话语政治时以英国、荷兰的生态现代化理论对政策实践的影响为例,通过构筑并遵循特定的话语分析线索也即他所说的"剧情",提出了环境话语所具有的制度维度,认为环境话语会影响制度变化,但它同时又依赖于特定的社会结构特征。因此,他初步阐述了环境话语与环境制度之间所具有的某种相互关系;但其局限性在于他所分析的内容和层次有些单一、狭窄,内容局限于单一的生态现代化思想或理论,分析的层次也主要是国际层面,这对于认识全球性特征愈加突出的当代环境问题或有所不足。John S. Dryzek, *The Politics of the Earth: Environmental Discourses*, P. 61; W. Neil Adger etal., *Advancing a Political Ecology of Global Environmental Discourse*, *Development and Change* 32 (2001), P. 701 ~ 708; Maarten A. Hajer, *The Politics of Environmental Discourse: Ecological Modernization and the Policy Process.*

形成的问题情境,成为驱动两者相互建构的首要背景参量;政治家、专家、企业家、活动家等行为体角色则积极充当了这种建构关系的施动者,并在特定情境下进行角色转换;这些角色通过一系列指导性、指令性以及承诺性规则,为话语与机制间的衔接、协调及相互作用配置上了多样化的线索,从而使指导性、指令性与承诺性3种规则成为贯通两者相互建构关系的中介要素。在这些规则当中,指导性与承诺性规则可能仍占多数,它们能够为话语与机制间的建构进程提供指南、凝聚期望;与这两种规则相比,尽管指令性规则的建构活动仍会遭遇较多障碍,但这种规则在实践中可能会更加有效,并因此成为联合国及其专门机构、国际社会进一步拓展环境事务的有力依托。

在全球环境话语、联合国全球环境治理机制在政治、科学、经济与社会3个不同层面上所展开的建构进程中,以上变量分别或联合发挥重要作用,为不同的任务付出努力。就政治层面而言,施动者们需要围绕如何塑造全球环境危机背景下的一种新型治理权威而持续努力,既能获得广泛的支持与认可,又具有深入拓展事务的强大能力;在科学层面上,施动者们则需进一步完善风险评估,力求提供更为完备的知识和更加明确的行动建议,逐步消除全球环境问题所造成的各种不确定性,提高环境安全感;在经济与社会层面,施动者们则要把环境要素更好地融合于生产及生活当中,将其纳入到人类世界尤其是发展中国家谋求富足的发展框架之内,使环境价值成为人类社会的一种自觉追求。

同时,这些层面之间还存在着紧密的内在联系,因此,联合国及其专门机构、国际社会不太可能把所有的努力付诸于某个单一层面,而是力求在层面整合上取得新的进展。而且,这种相互建构进程并不是一种封闭的过程,政治层面、科学层面、经济与社会层面间的交织作用可能已经很好地说明了这种建构进程内部所具有的可渗透性。更重要的是,这种建构进程对外也保持着某种开放性。在新的问题情境下,可能会有更多其他因素或变量参与这种建构进程并在其中产生重要影响;已分析的 3 个层面在数目上既可能增加也可能会减少。由此,这种开放性便为话语与机制间的建构关系以及全球环境事务进展增添了许多变数,它并不排除某种意外结果发生的可能性。

总之,全球环境话语、联合国全球环境治理机制的相互作用关系,为全球环境事务的拓展进取提供了内在动力。两者作用内容、作用过程及主要变量的变化,将直接引致全球环境事务议题范畴、拓展路径、拓展强度的相应改变。换句话说,全球环境事务最终因全球环境话语、联合国全球环境治理机制的相互建构、协同演进而演进。

下 篇
中国可持续发展

第六章　从全球环境事务中学些什么：
超向生态理性和生态主义的反应

第七章　中国可持续发展目标：
权威、确定性、环境友好

第八章　中国可持续发展管理：
环境友好型政府与绿色新政

第九章　中国可持续发展途径：
生态现代化

第十章　中国可持续发展外交：
国际生态竞争力建构

第十一章　中国可持续发展评价

随着全球化的深入进行，中国对外部世界的依存度越来越高。作为世界最大发展中国家，中国的发展也愈发受到世界关注。在此背景下，全球环境事务必然对中国产生深远影响。进一步说，中国可持续发展的前提是环境可持续，中国的可持续发展政策与管理实践只有基于全球环境事务考虑，获得广泛有益的经验借鉴，才能形成持久坚实的驱动力量，中国才能有一个真正可持续的未来。

第六章

从全球环境事务中学些什么：趋向生态理性和生态主义的反应

本章试图描述1970年代以来中国对全球环境事务的反应情况，这种反应也可被视为全球环境事务对中国的某种影响。根据上篇对全球环境话语与联合国全球环境治理机制的阶段划分，笔者试图把这种反应或影响按其历史进程、思维与行动的深度广度也相应分成3个阶段，即1970年代的环境认知与环保起步，1980年代至1990年代初的环境关切及管理体制建设，1990年代中期以来的环境行动努力。

第一节　环境认知与环保起步

诚如导论所述，全球环境事务自兴起时即对中国产生影响。在联合国人类环境会议的促动下，中国开始思考环境问题对世界以及自身发展的意义所在。这种环境认知的过程贯穿整个1970年代，其内容涵盖与环境相关的社会制度、解决能力、经济发展、政治主权等各个方面。

一、环境问题对世界意味着什么

(一)环境问题能够考验社会制度优劣

在当时的两极化、东西对立背景下，对环境问题根源与社会形态关系的思考成为首要问题。中国国内普遍认为，环境问题的产生与不同的社会制度或社会形态有着直接的关联。在参加联合国人类环境会议之前，中国国内即初步认为社会主义制度不会产生环境

问题,环境问题是资本主义的必然结果。

在人类环境会议期间,中国更是明确表达了自己对环境议题与社会制度关系的看法。中国代表团团长唐克在大会发言中认为,"某些地区的公害之所以日益严重,成为突出的问题,主要是由于资本主义发展到帝国主义,特别是由于超级大国疯狂推行掠夺政策、侵略政策和战略政策造成的"①。他在就《人类环境宣言》问题发表声明时明确重申,"环境污染的主要社会根源是帝国主义、新老殖民主义,特别是超级大国推行的掠夺政策、侵略政策和战略政策"②。

这些主张在一定程度上说明了当时国内对社会主义制度的优越感和对资本主义制度的反感情绪。

(二)环境问题考验人类创造能力

在对人类解决环境问题能力的认知上,中国认为,"人类对自然资源的开发利用是不断发展的。随着科学技术的发展,人类利用自然资源的广度和深度将日益扩大。人类能够创造越来越多的财富,来满足自己生存和发展的需要。人类改造环境的能力,也将随着社会的进步和科学技术的发展,不断增强"③。因此,"人类总得不断地总结经验,有所发现,有所发明,有所创造,有所前进。任何悲观的论点,停止的论点,无所作为的观点,都是错误的"④。

中国相信,"随着社会的进步和科学技术的发展,只要各国政府为人民的利益着想,为子孙后代着想,依靠群众,充分发挥群众的作

---

① 《我国代表团出席联合国有关会议文件集(1972年)》,人民出版社1972年版,第257页。

② 《我国代表团出席联合国有关会议文件集(1972年)》,人民出版社1972年版,第266页。

③ 《我国代表团出席联合国有关会议文件集(1972年)》,人民出版社1972年版,第260页。

④ 《我国代表团出席联合国有关会议文件集(1972年)》,人民出版社1972年版,第262页。

用，”……就“完全可以有效的解决环境污染问题，为劳动人民创造美好的劳动条件和生活条件，为人类创造美好的环境”①。

因此，就当时中国语境而言，与环境问题的复杂性及其所引起的悲观情愫相比，人类的创造能力更值得肯定。

（三）认知发展中国家的人口增长、主权、发展与环境关系

中国认为，“世间一切事物中，人是第一个可宝贵的。人民群众有无穷无尽的创造力。……人类历史证明，生产和科学技术的发展速度，总是超过人口增长速度的。……那种认为人口的增长会带来环境的污染和破坏，会造成贫穷落后的观点，是毫无根据的”②。

“只要人民当了国家的主人，只要政府真正是为人民服务的，只要政府是关心人民利益的，发展工业就能造福于人民，工业发展中带来的问题，是可以解决的。”③因此，“决不能因噎废食，因为怕环境被污染，而不去发展自己的工业”④。应当“支持发展中国家独立自主地发展民族经济……各国有权根据自己的条件确定本国的环境标准和环境政策，任何国家不得借口环境保护，损害发展中国家的利益。国际上任何有关改善人类环境的政策与措施，都应该尊重各国的主权和经济利益，符合发展中国家的当前和长远利益。……坚决反对超级大国以改善人类环境为名，行控制和掠夺之实”⑤。

总体而言，在全球环境事务兴起之初，中国对全球环境事务的反应是将其与社会制度、意识形态之间的对立和斗争联系起来，把

---

① 《我国代表团出席联合国有关会议文件集（1972年）》，人民出版社1972年版，第262页。

②③ 《我国代表团出席联合国有关会议文件集（1972年）》，人民出版社1972年版，第260页。

④ 《我国代表团出席联合国有关会议文件集（1972年）》，人民出版社1972年版，第259页。

⑤ 《我国代表团出席联合国有关会议文件集（1972年）》，人民出版社1972年版，第261页。

它看成了反对帝国主义或超级大国控制与垄断世界格局、维护国家民族独立与发展的一个舞台。

二、环境问题对自身又意味着什么

全球环境事务在兴起之初即对中国产生了积极影响。即使是在东西对立、革命激情高涨的年代,即使对全球环境事务是被动参与,中国管理层也通过参加全球环境事务讨论认识到了环境问题对自身生存与发展的重要性。诚如中国代表团在联合国人类环境会议上所说的那样,"当然,工业发展了,会引起对环境的污染"①。尤其是代表团在大会之后对瑞典的参观,使成员们对环境保护与经济社会发展关系的认识有了重大变化,开始意识到中国也存在环境问题,甚至中国城市的环境问题并不比西方国家轻,自然生态方面存在的问题也远在西方国家之上。②

因此,中国的环境视野因参加全球环境事务而开阔。在中国代表团将会议情况向周恩来总理汇报之后,周恩来总理当即指示要立即召开全国性的环境保护会议,促使国家有关部门和各级领导都来重视环境问题。③ 1973 年 8 月,在周恩来总理的指导下,国务院在北京召开了第一次全国环境保护会议,会议形成了环境问题"现在就抓,为时不晚"的结论,确定了"全面规划、合理布局、综合利用、化害为利、依靠群众、大家动手、保护环境、造福人民"的环境保护方针,通过了《关于保护和改善环境的若干规定》。④ 会议内容被登载于国

---

① 《我国代表团出席联合国有关会议文件集(1972 年)》,人民出版社 1972 年版,第 259 页。

② 杨文利:《周恩来与中国环境保护工作的起步》,第 21 ~ 26 页。

③ 曲格平:《中国环境保护工作的开创者和奠基者——周恩来》,载《党的文献》2000 年第 2 期,第 84 ~ 88 页。

④ 《中国环境保护行政二十年》编委会:《中国环境保护行政二十年》,中国环境科学出版社 1994 年版,第 7 页。

务院第12期会议简报增刊上，并被周恩来总理批转给中央各部部长和各省第一书记阅览。①

为了进一步贯彻落实《关于保护和改善环境的若干规定》，国务院在批转给国家计委的《关于全国环境保护会议情况的报告》中指出，各地要建立精干的环境保护机构，并赋予其相应的监督检查职权。根据该文件精神，中国各地各部门陆续建立起相应的环境保护机构，中国第一个全国性的环境保护机构——国务院环境保护领导小组也于1974年10月正式成立，在国务院环境保护领导小组的领导下，一系列的环境污染调查、环境规划、环境管理制度开始筹划或实行，中国的环境保护工作开始因此起步。②

总之，在全球环境事务的促动下，1970年代的中国已开始认识到环境问题的重要性，相应的环保机构和管理制度的建设则是这种认识的初步结果。但由于当时特定历史背景的制约，初步的环境政策无法得到严格的监督和落实，初期的环境建设也就主要限于一种对环境事务重要性的认知阶段，甚至这种认知的重要性也被淹没于阶级斗争、文化大革命的洪流当中。

第二节　环境关切及管理体制建设

随着环境认知的形成与中国环保事业的起步，以及十年国内浩劫的结束，中国在1980年代对环境事务表达了充分关切，制定了一系列环境管理规范，并开始了广泛的环境制度建设工作。这种关切与建设使中国在1990年代初期尤其是1992年联合国环境与发展大会前后形成了第一次环保高峰，并得到国际社会瞩目。

---

① 曲格平：《梦想与期待：中国环境保护的过去与未来》，中国环境科学出版社2004年版，第40～41页。

② 杨文利：《周恩来与中国环境保护工作的起步》，第21～26页。

一、环保机构建设

中国对环境问题的关注首先表现于环境保护机构的建设方面。1980 年代对国家环保机构建制的不断变动或改革,反映出了中国领导层对环境保护的重视,以及对环境事务的探索,尽管这种重视与探索远未被引导到一种科学合理、实际可行的道路上来。

1974 年,国务院设立国家建设委员会环境保护办公室,代管国务院环境保护领导小组办公室。1982 年,国务院撤销了环境保护领导小组办公室,在新建立的城乡建设环境保护部内设环境保护局,并实行计划单列和财政、人事权的相对独立。1984 年 5 月,国务院成立环境保护委员会,其办公室设在城乡建设环境保护部,由环境保护局代行其职。1984 年 12 月,国务院决定将城乡建设环境保护部下属的环境保护局改名为国家环境保护局,作为国务院环境保护委员会的办事机构,但仍归城乡建设环境保护部领导。1988 年,国务院决定将国家环境保护局从建设部中分离出来,成为国务院的一个直属机构,并赋予了国家环保局 12 项基本职能。至此,国家环境保护机构的正式建制地位得到确定,环境事务被作为一项专门的政府职能加以确认。

二、环境法制建设

为了形成环境事务的基本规范体系,1979 年,全国人民代表大会常务委员会通过了《中华人民共和国环境保护法(试行)》。经过 10 年试行,1989 年,全国人大常委会又正式通过了《中华人民共和国环境保护法》。该法的主要内容有以下几个方面:

一是对环境概念、环保义务、环境教育、环境规划等基础认知做出了界定,认为环境"是指影响人类社会生存和发展的各种天然的和经过人工改造的自然因素总体,包括大气、水、海洋、土地、矿藏、森林、草原、野生动物、自然古迹、人文遗迹、自然保护区、风景名胜区、城市和乡村等"①。"一切单位和个人都有保护环境的义务，并有权对污染和破坏环境单位和个人进行检举和控告……对保护和改善环境有显著成绩的单位和个人，由人民政府给予奖励。"②而且，"国家制定的环境保护规划必须纳入国民经济和社会发展计划……使环境保护工作同经济建设和社会发展相协调"③。

二是对中央与地方部门的环境监督管理权限、环境管理中各方的环境责任进行了设定，要求由国家环保行政机构统一制定环境质量标准和污染物排放标准，统一进行环境监测，对建设项目要进行环境影响评价，并可以依据环境事件情节轻重对违反环境保护规定的责任方给予相应处罚、处分、直至加负刑事责任。

三是对政府及其各部门、企事业单位在生产、技术、运营、管理方面提出了保护和改善环境、防治环境污染和其他公害的要求。认为"地方各级人民政府，应当对本辖区的环境质量负责，采取措施改善环境质量"④。而"产生环境污染和其他公害的单位，必须把环境保护工作纳入计划，建立环境保护责任制度"。

四是初步明确了国内环境保护法规与国际环境公约的位阶关系。认为"中华人民共和国缔结或者参加的与环境保护有关的国际公约，同中华人民共和国的法律有不同规定的，适用国际公约的规定，但中华人民共和国声明保留的条款除外"⑤。

三、制定《中国21世纪议程》

1992年联合国环境与发展大会在里约热内卢召开。这次大会正式确认了世界环境与发展委员会主席布伦特兰夫人及其所领导的委员会提出的"可持续发展"观念。并以"可持续发展"观念为指

---

①②③④⑤ 《中华人民共和国环境保护法》，中华人民共和国第七届全国人民代表大会常务委员会第十一次会议1989年12月26日通过。

导,专门制定了全球范围的《21 世纪议程》,要求与会各国也相应制定自己的“21 世纪议程”。

李鹏总理率中国代表团出席了这次大会,表达了中国对环境与发展问题的高度关切。中国代表团在这次大会上签署了《气候变化框架公约》与《生物多样性公约》,做出了履行《21 世纪议程》的郑重承诺。① 为贯彻大会的“可持续发展”理念,在联合国环境与发展会议结束不久,中国政府即组织 52 个部门、社会团体以及 300 多名专家,在联合国开发计划署的支持与合作下,用大约一年半的时间共同编制了《中国 21 世纪议程》和行动方案,从而为中国的未来制定了一种新的可持续发展蓝图。

《中国 21 世纪议程》计约 20 余万字,20 章,78 个方案领域,包括可持续发展总体战略、社会可持续发展、经济可持续发展、资源能源合理利用与环境保护 4 个部分。其主要特点在于:它表达了一种新的可持续的发展观,它把经济、社会、资源、环境看成是相互联系密不可分的统一整体,把正确处理人口与发展关系看成是中国可持续战略的重点内容,突出了资源能源危机感以及合理利用和保护资源能源的重要性,把环境保护看成是发展过程的重要组成部分,注重中国环境与发展战略同全球环境与发展战略的协调。②

四、对发展中国家参与全球环境事务发挥引领作用

在联合国环境与发展会议筹备期间、会议中以及会议之后,中国遵循全球伙伴关系原则,对引领发展中国家积极认知和参与全球

---

① 宋健:《推动〈中国 21 世纪议程〉实施与实现可持续发展》,载《管理世界》1994 年第 6 期,第 3 ~ 4 页。

② 国家计委、国家科委等:《中国 21 世纪议程:中国 21 世纪人口、环境与发展白皮书》,中国环境科学出版社 1994 年版。王领信、王孔秀、王希荣:《可持续发展概论》,山东人民出版社 2000 年版,第 39 ~ 41 页。

环境事务发挥了重要作用。

1991 年 6 月，中国政府率先在北京发起了有 41 个国家参加的发展中国家环境与发展部长级会议，深入讨论了国际社会在确立环境保护与经济发展合作原则方面所面临的挑战，特别是对发展中国家造成的影响。会议最后形成了《北京宣言》，认为保护环境是人类的共同利益，但全球环境事务“应该充分考虑发展中国家的特殊情况和需要……环境保护领域的国际合作应以主权国家平等原则为基础”①。而且，“发达国家对全球环境退化负有主要责任……他们必须率先采取行动保护全球环境，并帮助发展中国家解决其面临的问题”②。另外，发展中国家也“应通过加强相互间的技术合作和技术转让，对保护和改善全球环境作出贡献”③。该宣言表明了发展中国家在全球环境与发展问题上的基本立场，为联合国环境与发展大会的筹备与举办作出了贡献。

联合国环境与发展大会之后，在联合国开发计划署支持下，中国政府又于 1994 年 7 月在北京成功举办了“中国 21 世纪议程高级国际圆桌会议”，为推动中国可持续发展作出了贡献，为发展中国家实施可持续发展战略作出了示范。④

第三节　推进环境行动

1990 年代中期以来，在逐渐发展的环境认知以及环境管理体制建设的基础上，在全球化进程加速的背景下，中国开始大力推进环境保护行动。这些行动既包括执政党高层明确的可持续发展战略规划，政府层面的环保机构改革与环境治理行动，也包括全球化背景下的各类环境外交与合作。其中，尤其值得注意的是中国的国际

---

①②③　发展中国家环境与发展部长级会议：《北京宣言》，1991 年 6 月 19 日。

④　中华人民共和国国务院新闻办公室：《中国的环境保护》白皮书，1996 年 6 月。

环境外交与合作,说明中国正在更广泛的程度上融入全球环境治理进程。

一、执政党高层明确的可持续发展战略规划

从1995年起,可持续发展战略开始得到中国执政党高层的重视。1995年9月,中共中央总书记江泽民同志在中国共产党十四届五中全会上明确提出,“在现代化建设中,必须把实现可持续发展作为一个重大战略。要把控制人口、节约资源、保护环境放到重要位置,使人口增长与社会生产力发展相适应,使经济建设与资源、环境相协调,实现良性循环”①。全会最后将可持续发展战略纳入到国民经济和社会发展“九五”计划和2010年远景目标当中,提出“必须把社会全面发展放在重要战略地位,实现经济与社会相互协调和可持续发展”②。这是在中国共产党的文件中第一次明确使用“可持续发展”概念。1996年7月,江泽民同志又在第四次全国环保会议上指出:“环境意识和环境质量如何,是衡量一个国家和民族的文明程度的一个重要标志……在社会主义现代化建设中,必须把贯彻实施可持续发展战略始终作为一件大事来抓……决不能走浪费资源、走先污染后治理的路子,更不能吃祖宗饭、断子孙路。”③

在2003年中国共产党十六届三中全会上,以胡锦涛为总书记的新领导集体更是在新形势下将可持续发展内涵明确凝结入“科学发展观”,要求“坚持以人为本,树立全面、协调、可持续的发展观,促进经济社会和人的全面发展”,并按照“统筹城乡发展、统筹区域发展、

① 江泽民:《正确处理社会主义现代化建设中的若干重大关系》(1995年9月28日),载《江泽民文选》第1卷,人民出版社2006年版,第463页。

② 中国共产党第十四届五中全会:《中共中央关于国民经济和社会发展“九五”计划和2010年远景目标的建议》,1995年9月28日。

③ 江泽民:《保护环境,实施可持续发展战略》(1996年7月16日),载《江泽民文选》第1卷,人民出版社2006年版,第532页。

统筹经济社会发展、统筹人与自然和谐发展、统筹国内发展和对外开放”的要求，推进各项事业的改革和发展。①

在2007年中国共产党第十七次全国代表大会上，胡锦涛同志又代表中共中央委员会首次明确提出建设生态文明目标，要求“建设生态文明，基本形成节约能源资源和保护生态环境的产业结构、增长方式、消费模式。循环经济形成较大规模，可再生能源比重显著上升。主要污染物排放得到有效控制，生态环境质量明显改善。生态文明观念在全社会牢固树立”②。可以说是对可持续发展战略的进一步提升。

因此，自中国共产党十四届五中全会尤其是十六届三中全会、十七大以来，可持续发展战略持续受到执政党领导层的高度重视，已逐步成为中国经济与社会发展规划、现代化建设中持久贯彻的重要内容，并被涵纳到了生态文明建设的宏伟目标当中。

二、政府层面的环保机构改革与环境治理行动

由于环境事务及相应的可持续发展战略受到执政党领导层的高度重视，政府管理层面的环境体制建设与治理行动得以不断加强。

1998年，国务院启动新一轮机构改革。为加强环境事务的处理能力，国家环境保护局被升格为正部级的国家环境保护总局，下设国家核安全局，增加了核与辐射环境安全管理职能。尽管国家环保总局面临着管理体制上的分散设置或条块分割、地方部门利益冲突、地方对环保与发展关系认知仍存误区等诸多不利因素，它仍然

---

① 参见中国共产党，“中国共产党第十六届中央委员会第三次全体会议公报（2003年10月14日）”，http://cpc.people.com.cn/GB/64162/64168/64569/65411/4429167.html，2009年10月9日。

② 胡锦涛：《高举中国特色社会主义伟大旗帜　为夺取全面建设小康社会新胜利而奋斗——在中国共产党第十七次全国代表大会上的报告》（2007年10月15日），《人民日报》第1~2版，2007年10月25日。

冲破阻力，开始在全球化进程日益加速的背景下制定能够符合新时代要求的环保政策体系，不断推出有关环境污染防治的专项行动，并加强了全国环境监测与环境监察，促进了一系列环境保护模范城市创建与城市环境综合整治活动。

其中值得一提的是，国家环保总局最终于2003年9月1日推动《环境影响评价法》实施，从而获得了更多的能够用来解决环保问题的技术性手段。自2005年起，国家环保总局又开始大规模曝光违反《环境影响评价法》的建设项目，责令它们限期改正甚或实施行政处罚；2007年起又实施"区域限批"政策来遏制高污染高耗能产业的扩张趋势。①

2008年，为进一步推动"大环保"的形成，加快全国环境治理与生态文明建设，国务院在新一轮的政府机构改革中又把国家环保总局正式提升为国家环境保护部，为其打破地区部门分割、统一有效地行使全国环境管理职能以及加强环境治理行动奠定了基础。

三、全球化背景下的环境外交与合作

自1990年代以来，基于有效解决自身环境与发展问题的需要，也基于对全球环境事务的积极态度，中国采取多种参与方式，愈发以负责任和建设性的大国形象出现于全球环境治理的重要场合。这些参与主要包括以下几个方面：

一是参加国际环发会议或论坛，出席有关国际公约缔约方大会。2002年朱镕基总理率团参加了约翰内斯堡可持续发展世界首脑峰会（WSSD），表明了中国加强可持续发展的原则立场。特别值得注意的是，2009年中国国家主席胡锦涛参加了联合国气候变化峰会，表明了中国为应对全球气候变化问题的积极态度与不懈努力。

---

① 李梦娟，《环保"升部"35年荆棘路》，载《民主与法制时报》，2008年3月17日，A02版。

此外,中国政府还参加了《联合国气候变化框架公约》、《巴塞尔公约》等历次缔约方会议,积极参与了本地区及跨地区环境与发展会议、论坛,包括连续亚太环境与发展部长级会议、中日韩东北亚环境部长会议、亚欧环境部长会议、中国—欧盟可持续发展论坛等。

二是签署、批准或加入国际环发条约、协议、修正案。其中较有影响的主要是作为《联合国气候变化框架公约》后续成果的《京都议定书》、《联合国防止荒漠化公约》等。截止2009年,中国已加入22项环境公约,7个议定书,5个修正案。①

三是参与国际环境治理项目合作(包括双边、多边、区域合作),合作方式有资金援助、技术支持、人才开发、知识培训等。在双边合作方面,主要合作伙伴是欧洲和北美等发达国家和地区,合作领域包括能力建设、环境监测、环境统计、ISO14000管理体系、大气污染防治、水环境管理、生态保护和环境技术评估等。截至2009年,中国已与挪威、俄国、德国、加拿大、韩国、意大利、美国、荷兰、澳大利亚、日本及蒙古、埃及、斯里兰卡等数十个国家,在环境领域开展了实质性合作与交流活动,共同实施了百余个合作项目。在多边环境领域,中国积极拓展与其他国际组织的合作,包括联合国开发计划署、全球环境基金、世界卫生组织(WHO)等10多个国际(全球性)政府间组织,以及国际自然保护同盟(IUCN)、世界野生动物基金会(WWF)等近10个国际非政府组织。在区域合作方面,中国与欧盟在能源、环境管理、机动车排放污染控制、能力建设等领域开展了具体项目合作,2003年11月又正式启动了中欧环境部长级政策对话机制;在东北亚自2001年起与日韩两国就沙尘暴的监测、预警与治理开展了合作;在东南亚与东盟共同制定了大湄公河次区域核心环

① 中华人民共和国环境保护部,"中国已经缔约或签署的国际环境公约(目录)",http://www.mep.gov.cn/inte/gjgy/200310/t20031017_86645.htm,2009年10月9日。

境规划,自2005年起与柬埔寨、老挝、缅甸、泰国和越南五国共同执行为期10年的大湄公河次区域生物多样性保护走廊计划。①

四是主办大规模高等级的环发问题国际会议或论坛、国际环保咨询机构,即包括政府间国际会议或论坛,也有国际民间环境论坛。其中比较重要的是,中国政府于1992年批准成立了高级国际咨询机构——中国环境与发展国际合作委员会(简称国合会),由40多位世界著名人士和专家组成,迄今为止已连续召开3届会议,被国际社会誉为国际环境合作的典范。2002年中国政府还在北京召开了全球环境基金第二届成员国大会,来自125个成员国的政府官员,以及联合国相关组织和非政府组织的1200多名代表参加了会议,通过了旨在进一步推动全球环境保护的《北京宣言》。其他由中国倡导或主办的政府间会议还有首届亚欧环境部长会议、首届大湄公河次区域环境部长会议等。中国主办的国际性民间环境论坛主要有:"约堡+1"或"约保+3"中国环保NGO论坛、中国国际民间环境组织合作论坛(已召开4届)、中国跨越式发展国际环境论坛等。

五是国内非政府组织积极参与国际环发会议或论坛。其中各类环保组织及科研机构的参与产生了积极的社会影响。2002年8月,由来自中国12个环保组织的18名代表组成的民间代表团,随中国政府代表团参加了约翰内斯堡"可持续发展世界首脑会议"。他们旁听政府会议,参与主题活动,发表见解,表现了中国民间组织在联合国大会相关活动中的组织能力和参与国际事务的能力。② 2003年12月,中国社会科学院(CASS)可持续发展研究中心(RCSD)又在意大利米兰会展中心COP-9会场成功举办了"气候变化与人文

① 中华人民共和国环境保护部,"国际合作",http://www.mep.gov.cn/inte/index.htm,2009年10月9日。

② 中国NPO公共信息网,"北京地球村环境文化中心2002年度工作报告",http:www.chinanpo.org/cn/upload/report/1183019286422fe19281d82.pdf,2005年3月10日。

发展”论坛，收到了很好的国际反响。这是中国学术团体以 NGO 名义在《联合国气候变化框架公约》缔约方会议上的首度亮相，展示了中国 NGO 积极参与国际气候变化事务的愿望和能力。①

总之，通过中国 1970 年代以来对全球环境事务的参与，中国的发展视野已经变得更加广泛与长远，不仅对自身的环境与发展问题有了新的思考与规划，也逐步加深了对中国环境（与发展）同全球环境（与发展）间相互依存性质的认识，进而以一种积极的姿态，把自身的环境思考与规划同全球环境事务相协调。可以认为，中国在向着一种接近生态理性、更具生态主义色彩的人类道义与全球精神前进的道路上做出了重要改变。

下文则试图对这种生态理性和生态主义做进一步解释。

第四节　理解生态理性和生态主义

这里所说的生态理性和生态主义，都是与当前主流或传统的理性思维范式相对而言的。因此，对生态理性和生态主义的理解，将意味着一种从我们所熟知的经济理性、人类中心主义开始的跃迁过程。②

一、从经济理性到生态理性

在资本主义的发展历程中，现代性把人的理性——实际上是经济理性——置于超越宗教神性和自然物性的至高无上地位，视一切

---

① 中国社会科学院可持续发展研究中心：《气候变化通讯》第 9 期，2004 年 4 月 23 日。

② 有关生态中心主义的内容，笔者已在上篇第五章做过一定阐述。此处，笔者将生态主义等同于生态中心主义。当然，两者是否完全一致，还有待学界进一步研究。鉴于生态理性和生态主义对思维认知的重要性，下文还将继续对它们加以讨论。

现代文明成果为人类理性化思维的产物,进而认为理性主义构成了现代工业文明的文化价值基础。① 这种理性被贯彻于哲学即为人与自然二元对立的世界观和认识论,贯彻于经济则为高增长、高效率、技术化的大工业发展模式,贯彻于政治则为官僚化、集权化、由多数决定的"共同性政治",贯彻于社会关系则为个人主义、社会契约,贯彻于生存状态则为集中化、都市化的生活方式。

不可否认,现代性对经济理性的强调无疑为西方资本主义社会的崛起作出了卓越贡献,但资本主义300多年的发展历程对人类经济理性的过分强调与普遍贯彻也导致了明显且令人难以承受的负面效应。

一方面,以人类经济理性支配的现代工业文明的发展使人们产生了人类已经摆脱了自然的制约的幻觉,从而形成与生态环境的敌对或漠视状态,造成了今天生态意识薄弱的结果。强调高增长、高效率、技术化的大工业发展模式,以及集中化、都市化的社会生活和缺乏道德节制的极端个人主义泛滥所造成的环境污染、生态破坏、人口骤增、资源枯竭,反过来又在威胁人类社会的生存,造成了人类社会的生存危机。②

另一方面,官僚化、集权化、由多数决定的"共同性政治"造成了公共行政模式的刻板僵化,政府在资源配置和公共服务方面的低效、公共政策的失效、政府的自利倾向以及权力寻租或腐败等则导致政府失灵,使其面临严重的财政危机与信任危机,政治与社会的矛盾凸显。

面对人类经济理性支配的现代工业文明所产生的一系列负面问题,后现代主义则力主在知识领域张扬相对主义的怀疑精神;在社会领域建立人与自然、人与社会的内在关系,恢复生活的内在价

---

①② 申曙光:《生态文明及其理论与现实基础》,载《北京大学学报》1994年第3期,第31~37页。

值和信仰的力量，主张社会关系的差异性、多样性、兼容性；在经济领域反对单一增长，主张稳态经济，反对工业主义，支持生态主义；在政治领域主张基层民主、权力分散和认同政治，要求建立一个非官僚化的、非集权的民主社会；在生存方式上向往小型化、分散化的社区，向往压力不大的、非集中化的、接近自然状态的生活；在文化上力主一种以公民自由、自我实现、生活质量为主题的"后物质主义价值观"，倡导文化的相对性、多元性、异质性、开放性、丰富性和兼容性。① 从而提出了一种生态理性的思维范式。

与单纯关注数量增长或规模扩张的经济理性相比，尽管仍被称为理性，但生态理性却开始涵纳更多的感性内容，注重的是整体意义上质的变化与事务(物)的内在价值，继而期望通过技术创新和结构优化实现对传统生产、消费以及增长模式的生态转型，以保护或培育一种洁净、舒适的地球环境；通过"我们与非人自然界的关系和我们的社会与政治生活模式的深刻改变"②，建立"符合生态的分散化经济结构、社会结构和政治结构模式"③，以解除生存危机、创建一种可持续发展的和使人满足的生存方式。

二、从人类中心主义到生态中心主义

采用经济理性思维范式的行为体属于经济人，追求个人自我利益的最大化。从认知和处理人类与自然关系的角度来说，经济人往往把人类的价值与利益置于一切非人类世界之上，对人类利益给予反对其他生命利益的、排他性的考虑，因此又可以说，经济人所采用

---

① 周穗明：《西方后现代主义思潮的兴衰》，载《岭南学刊》2002 年第 4 期，第 90 ~ 94 页。

② 〔英〕安德鲁 · 多布森：《绿色政治思想》，第 2 页。

③ 熊家学，刘光明：《生态社会主义的基本主张与发展态势》，载《当代世界社会主义问题》1994 年第 2 期，第 41 ~ 46 页。

的理性思维范式是一种人类中心主义的思考范式。但三百年来的资本主义发展历程已经告诉我们,仅仅把人作为社会建构与历史进程的中心必然导致人类对自然的漠视或敌对状态,最终造成人类生存危机。

这就要求我们在最大限度地承认人类在非人类世界中利益的基础上,最大限度地承认非人类共同体的利益,采取一种更具生物圈内平等主义色彩的生态中心主义的思考范式。生态理性思维无疑符合生态中心主义的诉求。因为与经济人不同,采用生态理性思维的行为体明显地属于生态人,能够在更大程度上按照生态方式持续趋向外部或内部的协调与平衡。①

首先,生态理性思维把人与自然视为不可分割的生态统一体,认识到人对生态统一体的依赖性,认识到人只有以自然环境的存续为基础才能生存,而在人类活动对自然环境造成干预的情况下,自然环境的存续也离不开人的持久关怀。

其次,生态理性思维主张人与自然之间是平等互利的伙伴关系,或者进一步说包括政治、经济与文化的大社会与自然之间也是平等互利的伙伴关系,人应当承认自然的合理价值并赋予其伦理关怀,自觉维护诸要素间多元化基础上的动态平衡关系,而不是把某一要素推向高不可攀甚至唯我独尊的神圣祭坛。

最后,生态理性思维能够认识到人类权利与能力边界延展的有限性,试图通过实现社会以及人自身的协调平衡,进一步实现人与自然之间的协调平衡,而协调平衡则是生态之要义。

从中国近年来有关可持续发展战略的解读与政策设计,以及科学发展观的提出来看,这种从经济理性到人类中心主义的跃迁进程,尽管较为缓慢或并不如学界所期望的那样坚决,但它确实在发生。

---

① 蔺雪春、宋效峰、李建勇:《三个概念的逆向延展:和谐社会—生态政治观—生态人》,载《青海社会科学》2006 年第 2 期,第 15 ~17 页。

小 结

基于中国对全球环境事务的反应和全球环境事务对中国产生的影响,加之上篇对全球环境话语与联合国全球环境治理机制的相关论述,笔者认为,生态理性和生态主义在全球环境事务中的贯彻将越来越具体和广泛。尽管中国尚因自己独特的历史境域而无法完全在自身可持续发展过程中坚持这种生态理性与生态主义的思维范式,但通过不断参与全球环境事务以及对国内环境与发展事务的持续观照,中国已经并将继续从全球环境事务中进一步发现更多更深入的、趋向生态理性和生态主义的有益借鉴或启发。

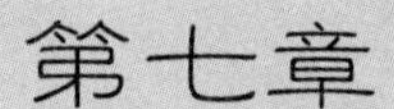

第七章

中国可持续发展目标:权威、确定性、环境友好

前文假设,在全球化背景下,中国的发展离不开世界;可持续发展的前提是环境可持续;中国可持续发展的平台应当建立于积极认知和参与全球环境事务、有效借鉴全球环境事务有益经验的基础上。那么,中国的可持续发展目标、途径等就应更多地基于全球环境事务演变机理——全球环境话语与联合国全球环境治理机制相互作用关系——来设定。前章所述三十多年来中国对全球环境事务的认知与参与对中国思维与行动所产生的深刻影响,就明显地说明了此一思路的必要性。本章试图从这一思路出发,通盘考虑中国的可持续发展目标问题。可持续发展途径等内容则在以后章节阐述。

第一节　凝聚权威:政治可持续

一般而言,对任何一个既存的组织或体系来说,它首先谋求的都可能是政治上的可持续性,即维持或壮大自己存续与发展的能力。而全球化背景下的政治可持续性则可能更多地依靠权威的凝聚。

一、为什么要凝聚权威而不是权力

诚如上篇所述,环境问题的全球化进程不断加速,环境问题的解决往往需要利用国际力量的支持与合作,并最终需要一种全球性的思维和行动范式,在全球层面上形成具有广泛包容性的共识,开展多边联结的治理行动。从此种意义上说,任何特定边界内的环境问题都已在或大或小的程度上超越其边界范畴,特定边界内的权力机构在环境决策与环境事务上不仅要经受国内公众的严苛评判,更要经受全球的密切关注。特定边界内的权力机构若想建构更为有效的生存与发展基础,从而使得其政治体系获得一种可持续的自然基础,以及建立于这种自然基础之上的相应的经济社会基础,就势必要从国内国外凝聚更为持久稳固的威望和信任。简言之,在应对全球环境事务上,权力最终要向权威转型,把强制力更多地变成一种号召力和吸引力。

中国是世界上最大的发展中国家,也是一个环境影响大国,环境治理作为全球化背景下全球治理的重要部分,明显离不开中国的参与。而且,中国在环境事务领域的政策与行动,也直接关涉中国自身能否获得更为安全稳定的发展基础,关系到中国能否进一步塑造建设性的、可被人信赖的国际形象。随着中国经济与社会发展水平的不断提高,作为一个地区和世界性的大国,中国希望以负责任和建设性的形象出现在各种国际制度中。① 尤其是新千年以来,中国与发达国家之间在气候变化公约或温室气体减排等领域进行了持久深入的环境外交谈判。与美国、澳大利亚等少数国家在气候变化公约问题上的不合作立场及由此所造成的不良影响相比,中国在现有能力的基础上表达了应有的合作诚意、做出了应有的减排努力,从而大大有益于中国赢得国内及国际社会的支持与尊重。

二、如何判断权威

从语义来看,权威包括权力与威信。也就是说,权威在外表上

---

① Alastair Iain Jhonston, *China and International Environmental Institutions*: *A Decision Rule Analysis*, in Michael B. McElroy, Chris P. Nielsen and Peter Lydon (eds.), *Energizing China*: *Reconciling Environmental Protection and Economic Grouth* (Cambridge, MA: Harvard University Press, 1998), P. 555 ~ 600.

有着传统权力所具有的支配能力,同时又兼具特有的、引人趋从的魅力色彩。但在这两个要素中,威信或者威望对权威的构成可能更加重要。

权威所具有的特征是:

首先,它具有让人信服和接受的独特魅力。这种魅力使得追随者愿意付出一部分或大部分个人成本,从权威那里换取某种精神价值、信仰依托,或较少的物质回报。而权威只要付出一定的说服、诱导努力即可实现自己的目标,获取追随者的服从。

其次,它还具有潜在的强制力。威信的维持并非单纯依靠精神指引,其背后所隐藏的是违背精神指引所必然遭受的强制后果。依靠这种潜在的强制力,威信能够在特定时间或紧急状况下得以维持。

第三,权威的基础力量并非囿于固有边界。在威信或威望的感召下,既定边界显得更具渗透或穿透性,追随者不再局限于边界内部,同样可以来自边界外部,这就使得权威所能获得的支持基础更加广泛坚实。但从另一方面来说,权威的获得便要考虑更为多元的利益需求,尤其是边界内外利益需求间的互动问题。

第四,权威更具持久性。权威主要依靠精神感召与内化认可,因此一旦形成便容易在较长时段内维持。加之其作用力量对某种固有边界的渗透性和相应支持基础的广泛性,使得权威具有持久存在的趋势。即使一种支持力量削弱,它也可以唤醒其他潜在支持力量。

最后,权威的维持成本相对较小。由于具备以上诸种特征,权威在维持上所耗费的物质成本相对较小,它不会招致太多的反对与敌意,甚至从某种程度上说能够达到和平友好、一劳永逸。

三、由谁获得权威

就中国语境而言,这里所说的权威主体首先是政治层面的,应当包括政党、政府两个体系。

就执政党而言,它应该更多的具有一种绿色甚或更绿的思维视野,能够规划一种贯彻绿色思维的行动纲领。中国共产党是中国唯一合法的执政党,它遵循的基本哲学理论来自于马克思主义、毛泽东思想、邓小平理论、"三个代表"重要思想和现在的科学发展观。我们应当注意到,这些理论本身就蕴涵着丰富的绿色或生态主义观念,只不过我们在实践中所注重的通常是其另一面。但随着历史境域与时代主题的变化,原本蕴含的绿色观念正在被不断地发掘出来。[①] 这些观念与当前全球环境话语体系所内含的基本观念相契合,反过来说,这些观念的提出可能要早于当前全球环境话语体系的出现。因此,中国共产党可以通过深入挖掘这些观念并结合历史境域和时代主题将其发展成一种适当的绿色行动纲领。

就政府而言,它应该能够制定符合执政党绿色纲领的法令、公共政策与战略,具备严格执行、推行与管理这些法令、政策与战略的胜任能力。中国政府自 1970 年代以来已经制定了数十部有关环境事务的法律或法规,并在环境体制建设上不断推进,尤其是它对全球环境事务的参与能力和积极影响正在不断提高,现在所需要的可能是进一步让环境议题主流化、社会化并采取措施强化环境政策的执行力、增强自身环境与经济间的有效和有益对接。

四、从哪里获得权威

权威来源依其范围可以分国内、区域以及全球层面,根据其历史境域可进一步分发达、发展中、最不发达,根据其地理状况分沿海、内陆、岛屿、沙漠等。但无论如何,根据全球环境话语与联合国

---

① 近年来中国国内关于马克思生态哲学思想、生态社会主义思想的挖掘与研究,已经取得了大量成果。郇庆治:《国内生态社会主义研究论评》,载《江汉论坛》2006 年第 4 期,第 13 ~ 18 页。

全球环境治理机制相互建构的主要变量与作用进程,这种权威的支撑力量却大体稳定。在此,基于上篇有关论述,对权威来源做如下划分:

表7-1 政治可持续性之权威来源范围

序号	国内	区域	全球
1	政党、政府内部	区域政党联盟,区域政府间组织	全球性政党联盟,全球性政府间组织
2	科技专家及其共同体	区域科技共同体	全球性科技共同体
3	工商企业家及其联合体	区域工商企业家联合体	全球性工商企业家联合体
4	城市与乡村社区、市民社会	区域性市民社会	全球市民社会

表7-1所列的4种来源分别意味着,中国权威的凝聚进而政治可持续性的增加,必须广泛吸收国内、区域或全球的政治界、知识精英、经济精英、市民社会的支持力量与积极参与。①

当然,如有可能,还要把不同历史境域(甚或地理状况)维度加入到表7-1中加以考虑,形成更为细致的复合表,以进一步细分权威来源。以历史境域为例,中国作为最大的发展中国家,应当特别注意提升对发展中国家的吸引力,并争取在弥合发达国家与发展中国家或南北关系上发挥一种桥梁作用。

五、获得什么样的权威

通过上文所述,我们也已基本明确,这里所需要的是一种治理权威,即从决策及管制权力向治理权威转变。这可能需要我们理

---

① 这一点与当今全球变革特征及全球治理的基本趋势是一致的。〔美〕马丁·休伊森、蒂莫西·辛克莱著,张胜军编译:《全球治理理论的兴起》,载《马克思主义与现实》2002年第1期,第43~50页。

解十几年来所热议的“治理”概念及其在特定历史境域下的区别使用。

成立于1992年的联合国下设机构全球治理委员会(Commission on Global Governance)认为,治理是或公或私的个人和机构管理其共同事务的诸多方式的总和,它是使相互冲突或不同的利益得以调和并且采取联合行动的持续过程。治理既包括有权迫使人们服从的正式制度和规则,也包括人们同意或接受符合其利益的非正式安排。它有四个特征:治理不是一整套规则,也不是一种活动,而是一种过程;治理不是控制,而是协调;治理既涉及公共部门,也包括私人部门;治理不是一种正式的制度,而是持续的互动行为。①

这里不同的是,我们要把私人的、市场的、民间的或其他诸种方式以及这些方式与公共部门间的协调互动作为中国可持续发展体系中政治或政府可持续的一种手段。也就是说,中国的政治可持续应当更多地强化治理而非统治倾向,尤其是在环境(与发展)问题日益全球化的背景之下。

总之,通过不断地凝聚治理权威,中国可持续发展的政治含义才能得以显现,政治可持续性才能不断稳固。

第二节　增强确定性:科技去风险化

一、为什么要增强确定性

自1990年代中国加速工业化进程以来,中国大地上日益增加的科技风险以及由此引发的健康、环境威胁甚或各种生态灾难、社会冲突,不仅损害了中国经济与社会发展的正常秩序,也严重侵扰了

---

① Commission on Global Governance, *Our Global Neighborhood* (Oxford: Oxford University Press, 1995), P. 2 ~ 3.

国民公共利益的实现和维护进程。因此,当今中国在努力迈向工业社会的同时,已经呈现出了德国著名社会学家乌尔里希·贝克(Ulrich Beck)所说的“风险社会”的种种迹象。①

科技风险所引发的一系列新安全议题,比如食品安全、药品安全、生产安全、金融安全、能源安全、环境安全等等,尽管它们从名称上看似乎处于不同的问题领域,但究其实质,这些议题之间又有着必然的内在联系。因为它们首先都使人深切感觉到了一种对发展甚或生存的限制与威胁;对这些困境的进一步思考又真实反映了我们对未来可持续性的急切追求。

既然当前对各种科技风险及其最终所致生态或社会冲突的应对处理,已经密切关涉到全体国民的未来生存与发展,甚至影响到中国“社会管理机构的权威与声望能否在社会公众心目中长久树立并永葆风光”②;那么,增强确定性,减少科技研发及其使用过程所带来的种种风险便显得尤为必要。

二、如何判断或促进确定性

从处理科技与环境间关系来说,专门的环境影响评价程序可能是更为直接的判定和减少科技风险的重要方法。这种环境影响评价主要是对科技本身及其在经济、社会中的运行过程——可能或实际对环境产生的物理性、化学性或生物性作用以及这些作用所导致的环境变化和对人类健康与福利的可能与实际影响,进行系统的分析与评估,并提出减少或减缓这些影响的应对措施。应当注意的是,环境影响评价的重点主要是放在与科技开发及其使用相关的决

---

① 有关风险社会的概念,〔德〕乌尔里希·贝克著,何博文译:《风险社会》,南京:译林出版社 2004 年版,第 19 ~ 24 页。

② 〔德〕乌尔里希·贝克:《从工业社会到风险社会》,见薛晓源、周战超主编《全球化与风险社会》,社会科学文献出版社 2005 年版,第 59 页。

策与活动前端，以起到一种对相关危害风险的预防功能。[①] 通过环境影响评价，我们应当可以获得一种对环境或公民而言的最佳可得技术或行动方案。

为了促进环境影响评价功能的发挥，美国、瑞典、加拿大等欧美发达国家早自 1969 或 1970 年代早期即把环境影响评价规定为强制性的法律制度。世界银行、联合国等国际组织也相继建立起了专门的环境影响评价办公室，并组织了一系列环境影响评价研究及会议，为各国推进环境影响评价提供理论基础与可行方法。[②] 1992 年的联合国环境与发展大会也要求各国把环境影响评价作为一种国家手段加以重视和促进。[③] 中国在 1989 年正式发布的《中国环境保护法》中对环境影响评价做出了相应规定，并于 2003 年专门制定实施了《中华人民共和国环境影响评价法》。

经过四十年的发展，环境影响评价已在内容、程序上得到不断完善。其内容从对自然环境影响评价发展到社会环境影响评价，从单纯的工程项目环境影响评价发展到区域开发环境影响评价和战略影响评价。其程序不仅包括风险评估，也关注累积影响；既包括事前评价，也包括事后评估；既注重专家作用，也注重公民参与。[④]

---

① 何德文、李铌、柴立元主编：《环境影响评价》，科学出版社 2008 年版，第 13 页。

② 何德文、李铌、柴立元主编：《环境影响评价》，科学出版社 2008 年版，第 17 页。

③ 1992 年《里约环境与发展宣言》提出，对于拟议中可能对环境产生重大不利影响的活动，应进行环境影响评价，作为一项国家手段，应由国家主管当局作出决定。《21 世纪议程》也在其各章的方案领域中对各种活动的环境影响评价做了预先要求。2002 年《可持续发展世界首脑会议执行计划》也要求酌情开发和推广应用环境影响评估，特别是将其作一个国家工具，为可能给环境造成巨大不良影响的项目的决策提供关键信息。UNCED, *Rio Declaration on Environment and Development*, *Agenda 21*; WSSD, *Plan of Implementation of the World Summit on Sustainable Development*.

④ 何德文、李铌、柴立元主编：《环境影响评价》，科学出版社 2008 年版，第 17 页。

随着全球以及各国环境事务的逐步深入,笔者认为,环境影响评价还将在方法、程序等方面得到进一步拓展。

三、从哪里获得确定性

在增强确定性的过程中,科技专家首先发挥着重要作用。他们不仅是科技研究与开发的实施者,同样是科技产品与服务的使用者,也能够充当有关科技环境影响的监测与评估者。科技专家通过其专门的科研活动,能够为不同行为体提供相应的理论指导、技术及其环境风险信息和行动建议,从而形成一系列的指示性规则。

但科技的最终效果往往体现在经济与社会层面,即是否能够促进经济与社会的健康发展。因此,经济与社会层面的直接利益相关人也应当在增强确定性的过程中发挥一定作用。他们通过提供相关的科技需求信息、使用信息和终端结果来影响科技专家的活动过程。根据上篇所述相关理论,这种确定性的来源可做如下划分:

表 7-2　科技去风险化之确定性来源

序号	国内	区域	全球
1	科技专家及其共同体	区域科技共同体	全球性科技共同体
2	工商企业家及其联合体	区域工商企业家联合体	全球性工商企业家联合体
3	城市与乡村社区、市民社会	区域性市民社会	全球市民社会

四、由谁获得确定性

确定性是人类思维与行动的指南。确定性的增进过程,实际上就是一种论证理论可能性与技术可行性的过程。

在现代社会中,政党、政府等政治层面,首先需要通过增强确定性为其政治或管理战略建立系统框架。或者说对政治层面而言,确定性的增强过程就变成了一种谋求政治正当性、政策可行性的过程。

另一方面，政治层面增强确定性的过程无非是为稳定或扩展其经济与社会基础服务，因为经济与社会层面是科技以及建立于科技基础上的一切产品、服务、管理的最终需求者。对经济与社会层面而言，确定性的增强过程就变成了一种谋求技术优越性与方案合意性的过程。

在以上两个层面中，就中国而言，由于政治层面对经济与社会发展承担着主导作用，因此要特别注意增强确定性所引起的政治后果或政治效应问题。

第三节　促进环境友好：环境价值经济化与社会化

一、为什么要实现环境价值经济化与社会化

在应对环境事务方面，我们会看到互不相同的历史境域，会看到穷富之间不可跨越的鸿沟以及发展中国家与发达国家之间差距有不断扩大的危险，它们会对全球的繁荣、安全和稳定构成重大威胁。因此，必须特别注意发展中国家转型期经济所面对的特殊情况，必须认识到这些国家正面临史无前例的经济改革挑战；①认识到"个别国家的经济政策和国际经济关系对可持续发展具有重大关系。重新恢复和加速发展需要一个有活力和支助性的国际经济环境，需要在国家一级上采取果断的政策。两者缺一便将使(可持续)发展受到挫折。"②必须认识到，无论对发展中国家还是发达国家而言，"消除贫穷、改变消费和生产格局、保护和管理自然资源基础以

---

① UNCED, *Agenda* 21, chap. 1.

② Ibid., chap. 2. 括号内文字为作者所加。

促进经济和社会发展”,都是“压倒一切的可持续发展目标和根本要求。”①那么,将当前国内与国际经济制度的各个构成部分与人类对安全稳定的自然环境需要联系起来,在环境、贸易以及发展领域的交接点上建立共识,便显得极为重要。② 简言之,可持续发展尤其是人类视野中的环境可持续性是建立在将环境价值转化成经济政策或社会政策的基础之上的。

对中国而言,它仍然处于一种国家建设的努力阶段,即处于秉持国家利益至上观念、维护国家主权独立,加强社会凝聚力、保持政治稳定,大力发展民族经济、恪守甚至强化本民族文化特色的阶段。要把来自于全球环境事务的普遍价值或经验适用于中国国家建设的特定背景,就必须将它们按照中国的特定背景经济化与社会化,将它们整合进中国的经济政策与经济发展、社会消费与社会生活之中,从而逐渐对中国的环境与发展以及中国的国际或全球行动产生有益的建构作用。

二、如何判断或促进环境价值经济化与社会化

在环境价值经济化与社会化方面,我们总能看到一些突出的概念,在一定意义上,它们可以被视为环境价值经济化与社会化的典型要素。为清晰起见,下文暂且将经济化与社会化两个方面分解开来表述。

(一)环境价值经济化

其典型要素主要包括:环境成本、清洁生产、循环经济、低碳经济、环境融资、环境激励与环境责任等等。

1. 环境成本

主要是人类经济与社会活动所引致的环境危害,造成的经济损

---

① WSSD, *Johannesburg Declaration on Sustainable Development*, P. 11.

② UNCED, *Agenda* 21, chap. 2.

失以及为保护环境或减少环境危害而增加的资本投入。为有效减少人类经济与社会活动对环境造成的负外部性后果，可以考虑通过环境成本将这种外部性后果内部化。通过计算环境成本，我们目前的GDP计算体系将向着一种绿色的GDP计算体系转变。

2. 清洁生产

根据《清洁生产促进法》的界定，主要是指“不断采取改进设计、使用清洁的能源和原料、采用先进的工艺技术与设备、改善管理、综合利用等措施，从源头削减污染，提高资源利用效率，减少或者避免生产、服务和产品使用过程中污染物的产生和排放，以减轻或者消除对人类健康和环境的危害”①。通过清洁生产，可以在污染前采取防治对策，将污染物消除在生产过程当中，对工业生产实行全过程控制，进而从根本上促进工业污染问题的解决。

3. 循环经济

根据《循环经济促进法》的界定，主要是“在生产、流通和消费等过程中进行的减量化、再利用、资源化活动的总称”②。其中，减量化是指在生产、流通和消费等过程中减少资源消耗和废物产生；再利用是指将废物直接作为产品或者经修复、翻新、再制造后继续作为产品使用，或者将废物的全部或者部分作为其他产品的部件予以使用；资源化是指将废物直接作为原料进行利用或者对废物进行再生利用。③

4. 低碳经济

主要是在二氧化碳过量排放导致全球变暖的背景下所产生的一种建立于低能耗、低污染、低排放基础上的经济发展模式，其实质

---

① 《中华人民共和国清洁生产促进法》，中华人民共和国第九届全国人民代表大会常务委员会第二十八次会议于2002年6月29日通过。

②③ 《中华人民共和国循环经济促进法》，中华人民共和国第十一届全国人民代表大会常务委员会第四次会议2008年8月29日通过。

在于能源高效利用、清洁能源开发以及绿色 GDP 核算。低碳经济模式试图通过能源技术和减排技术创新、产业结构和制度创新来实现人类生存发展观念的根本转变。①

5. 环境融资

主要是说把环境评价标准作为资本借贷的重要条件,将资金导向无害于环境或促进环境保护与改善的发展项目上。其形式可以包括环境贷款、环境保险、环境基金等各种方式。通过环境融资,就可以有效支持或促进专门的环境保护与改善活动,并防止项目建设对资源与环境的过度开发与破坏。

6. 环境激励与环境责任

主要是说对采取清洁生产、循环经济、低碳经济等方式促进环境保护与节能减排的工商企业与社会组织进行奖励,反之则进行相应的处罚,以环境激励调节工商企业与社会组织的环境行为,达到环境外部性的内部化。

(二)环境价值社会化

其典型要素主要包括:可持续发展教育、绿色消费、绿色住区、环境公民权等等。

1. 可持续发展教育

可持续发展教育是 1992 年以来环境教育的重要方向。其主要内容是价值观教育,其核心是尊重,也即尊重他人(包括现代和未来的人们),尊重差异与多样性,尊重环境,尊重我们所住星球上的资源。其范围涉及社会、环境和经济三个领域的可持续发展,主要是:人权、和平、人类安全、性别平等、文化多样性和不同文化间的理解、健康、艾滋病、政府治理、自然资源、气候变化、农村发展、可持续城市化、减灾防灾、消除贫困、企业公民责任与问责制、市场经济等。

---

① 张坤民、潘家华、崔大鹏主编:《低碳经济论》,中国环境科学出版社 2008 年版。

在可持续发展教育的基础上,我们将能够加深对人与自然和社会环境之间关系的理解,在增进公正、责任、对话的同时保障所有人的基本生活需求得以充分满足而不是被剥夺,并保障我们应对严峻全球挑战的能力逐步提升。①

2. 绿色消费

主要是一种适度节制消费,避免或减少环境破坏,崇尚自然和保护生态环境的新型可持续消费行为模式。这种可持续消费,不仅包括选购使用绿色产品,还包括物资回收利用、能源有效使用、在消费的同时保护生存环境与物种环境等等。它要求符合"3E"和"3R"原则,即经济实惠(Economic)、生态效益(Ecological)、平等人道(Equitable)、减少非必要消费(Reduce)、重复使用(Reuse)和再生利用(Recycle)。②

3. 绿色住区

从现实来看,它主要是一种使用节能或环保材料、达到自然环保与人类健康目标的建筑与居住模式。此外,它可能还在深层上蕴含着一种分散化、自然化的人居理念。③

4. 环境公民权

主要是说,人类个体要在其生活环境中学着变成一种尊重生态的有礼貌的公民,而不是改变其生活环境以适合他们自己。这种公民权牵涉到对生态系统如何支持生命,以及生命脆弱性的了解;牵涉到从当地可得资源中满足一个人的物质以及精神需求的权利;牵

---

① UNESCO, *United Nations Decade of Education for Sustainable Development* (2005 - 2014): *International Implementation Scheme*, available at http://www. unescobkk. org/fileadmin/user_upload/esd/documents/ESD_IIS. pdf, accessed on 15 October 2009.

② FON, *Encouraging Green Consumption, Realizing Sustainable Development*, available at http://*www. fon. org. cn/content. php? aid* = 8762, *accessed on* 15 *October* 2009; John S. Dryzek, *The Politics of the Earth*: *Environmental Discourses*, P. 189 ~ 190.

③ John S. Dryzek, *The Politics of the Earth*: *Environmental Discourses*, P. 188.

涉到对未来几代人和其他物种的监护伦理与义务的承诺问题;甚至牵涉到穷人与富人之间的环境平等或环境正义问题。①

三、从哪里实现环境价值经济化与社会化

环境与经济发展和社会生活紧密相关。因此,环境友好的基础首先在于经济与社会层面。但由于全球化背景的深入,这里的经济与社会不可能单纯限于国内或地方范围,它总是与更广泛的国际经济贸易与国际社会交流体系一同变化。

另外,还应注意到,环境价值的经济化与社会化需要得到政治层面政策或战略上的特殊鼓励与支持,或者说政策层面应当采用全新思维来推动经济与社会涵纳环境价值。基于此,也基于上篇所述相关理论,环境友好基础可做如下划分:

表7-3　环境价值经济化与社会化之环境友好基础

序号	国内	区域	全球
1	工商企业家及其联合体	区域工商企业家联合体	全球性工商企业家联合体
2	城市与乡村社区、市民社会	区域性市民社会	全球市民社会
3	政党与政府	区域政党联盟、区域政府间组织	全球性政党联盟、全球性政府间组织

四、由谁体验或享有环境价值

实际上,上文已经表明,环境价值的实现最终要靠经济与社会各个层面的体验,如果他们能够把这种对环境价值的感受长期固定于自身偏好或需求当中,那么,政治层面支持政策或战略的形成也将变得较为容易。换句话说,不论是经济与社会层面,还是政治层

---

① Ibid. ,P. 189.

面,都将从体验环境价值中受益。因此,环境价值的效果可以在整个社会渗透。

小　结

从全球环境事务演变机理尤其是其中科学、政治、经济与社会三个层面的作用进程出发,我们可以把中国的可持续发展目标做不同以往的界定。凝聚权威的目标意味着为我们提供一种政治可接受性或政治上的可持续性。增强确定性的目标意味着从科技理论、手段或方法上为我们提供某种理论可能性和技术优越性,从而最终提供一种政策可行性。促进环境友好的目标则指向环境价值的经济化与社会化,力图使环境价值融合到经济与社会运行过程当中,变成我们经济与社会发展或变革的新源泉。

第八章

中国可持续发展管理:环境友好型政府与绿色新政

就中国语境而言,由于政府主导一直是中国改革开放、经济发展、社会进步的主要模式,中国的可持续发展可能仍需政府部门有效地发挥主导作用。但从全球环境事务中所能感受到的日益增强的生态理性却同时为既有的公共部门管理确定了某种程度的生态主义倾向,要求它在实践上呈现出特有的、浓厚的“环境友好”色彩。① 因此,从逻辑上说,建设一种环境友好型政府将是推进或落实我国可持续发展战略的重要甚或关键环节。问题是,这种环境友好型政府在范式基础上是否明晰可辨(毕竟与之相关的论述还相对较少)?如果是,其对中国特殊语境的适应性或实践可行性又如何?若可行,中国还应在此环节上做出哪些重大努力?

第一节 环境友好的公共管理:环境友好型政府的范式基础与原则

环境友好型政府的范式基础包括理论可能性与现实基础两个方面,通过该范式思考或观察问题以及实施行为的特有视角,我们

---

① 1992 年联合国环境与发展大会《21 世纪议程》有 220 多处提到“环境无害”(environmentally sound)一词,并第一次明确提出“环境友好”(environmentally friendly)理念。其主旨在于努力应用清洁、健康、无害于环境的组织与技术方法。这些组织与技术方法或可作为渐进实现生态主义所追求的生态理想或价值的现实工具。UNCED, *Agenda* 21.

可以建构起环境友好型政府的基本概念与原则。

一、理论可能性

关于环境友好型政府的理论基础，可以从认知环境事务的两种维度——人类中心主义和生态中心主义来考虑，也可以从西方新公共管理变革与环境运动协调适应的可能性来考虑。

(一)人类中心主义与生态中心主义的公共管理范式

根据前文论述，对公共部门管理事务的认知，可以考虑两种维度：一是人类中心主义，二是生态中心主义。以不同的维度认知公共管理事务，其结论可能有着本质的不同。

从人类中心主义的认知维度考虑，公共管理明显是一种对具有或强或弱的排他性特点的人类或个人私利的追求。可以说，我们通常所讨论的公共管理范式其出发点正是基于此种维度。① 这一点可从以下几个方面加以理解：

其一，既有的或进行中的公共管理改革其核心议程在于满足社会公众不断变化的公共服务或产品需求，改善或重塑政府与公民间的关系。

其二，公共管理是以经济学和私营部门管理理论为基础的，其前提实质上是基于经济学的(理性)经济人假设和经济理性，即单纯追求自我利益最大化以及关注数量增长或规模扩张。

其三，公共管理变革所谋求的经济、效率、效能、结果、责任目标，以及它所采用的市场化、企业化、民营化方法都未脱离主流经济

---

① 传统公共行政时期公共部门的核心价值内含着对自然的支配、掠夺和与环境的冲突，政府在行政过程中未能认真、谨慎地考虑环境本身的价值及其与人类社会体系的实质关系。值得注意的是，像欧文·休斯(Owen E. Hughes)等公共管理经典作家在阐述作为传统公共行政替代模式或竞争范式的公共管理理论体系时同样对此有所忽略。Owen E. Hughes, *A Public Management and Administration: An Introduction*, Reprint Edition of 3rd Edition (Peking: China Renmin University Press, 2004).

学与私营部门管理的理论与实践范畴。

而生态中心主义的认知维度所能产生的,则是对人类世界与非人类世界利益的平等眷顾。尤其是上篇所述在20世纪60年代以来持续增强的国际或全球环境治理背景下,一系列表达国际社会对环境难题或环境事务的主流信念、价值、通则与共识的环境话语(环境理论)体系已经被建构起来,并在思考范式上得以不断更新。这些话语体系不仅对既有的公共部门管理提出了新要求,更为其提供了新的思考方式或认知基础。

其中,盛行于20世纪六七十年代的生存主义要求我们充分了解人类已经遭受或未来可能遭受的种种限制,在环境保存与包括人口、经济及资本在内的增长之间做出明智取舍;还要通过建构某种统一的管理体制对现有人类社会施加一定的约束。在随后的80~90年代初期,占据主流话语位置并延伸到现在的可持续发展理论则认为,生存主义所说的制约对人类社会而言并不是一种绝对限制,人类可以通过有效的技术研发管理和社会改善来拉长或延缓这种限制。因此,可以在经济、环境与社会乃至科技之间采取一种相互协调统一的方法,促进经济增长、环境保护、社会公正长期持续和共同取得进展,达到一种所谓"正和"的结果。而且可持续发展是一个全球目标,需要人类社会以一种整体思维和集体努力共同实现。在20世纪90年代中期以来日益加速的经济全球化背景下,生态现代化理论则力图通过生产与消费的生态转型或生态化的组织与技术手段,使可持续发展的远景追求变得更加清晰可信。它把严格的环境标准或环境政策与经济增长、社会福利对接起来,试图改变经济增长的质量与方向,从而真正提升经济效率与经济竞争力。通过有益于环境的经济重组、安全可靠的技术革新、工商组织对经济改革的有效参与,社会运动的积极影响,以及平衡考虑政府与市场的相互作用,生态现代化就能够筑起未来可持续发展的科技、经济、社会及管理基础。

鉴于此,从生态中心主义的认知维度出发,公共管理的核心议程就不仅在于重塑政府与公民间的关系,更在于重新界定(政府—公民关系赖以为基础的)政府及其所领导或服务的社会与自然之间的关系。它不仅会把环境问题看成是一种专门的政策领域,而且在更大程度上试图通过生态化的方法或手段把环境价值整合进所有部门政策当中。

这种管理范式明显不同于传统公共行政模式,而且也有别于我们通常所讨论的(人类中心主义的)公共管理范式;其建构与发展可能更多是基于生态人假设和生态理性——而非我们通常所讨论的(理性)经济人假设与经济理性——前提。这种管理范式所要努力呈现或最终所能呈现的应该是一种清洁健康、无害于环境也即环境友好的公共治理图景。

(二)西方新公共管理变革与环境运动协调适应的可能性

新公共管理(New Public Management)变革与环境运动(Environment Campaign)是20世纪70年代以来西方政治潮流中极为重要的两种。[①] 就其研究状况而言,学者们目前所取得的学术成果主要反映了对两者各自进展的关注,很少涉及两者整体意义上的综合审

---

① 新公共管理变革的起点应在于20世纪70年代,主要因为英国1968年推出的《富尔顿报告》和美国1978年颁布的《文官改革法》都对政府职员的管理能力、结果与责任表达了特殊的关注;况且20世纪70年代第一次石油危机所造成的政府公共资源普遍减少与公共服务需求不变甚或增加之间的矛盾以及由此所招致的各种抨击也成为新公共管理变革的一种起始背景。而大规模群众性环境运动的发生则以美国1970年的“地球日”活动为开端,20世纪70年代欧洲不断高涨的反核运动则是环境运动起初比较明显的部分。因此,笔者把新公共管理变革与环境运动都归入20世纪70年代以来的政治潮流当中。Owen E. Hughes, *A Public Management and Administration: An Introduction*, reprint edition of 3rd edition, P. 48 ~ 49. Gaylord Nelson, “Earth Day 70: What It Meant”, available at http://www.epa.gov/h/topics/earthday/02.htm, accessed on 8 July 2008.

视。其原因可能在于两者发起主体和议题领域有着明显区别。[①] 但若把两者统一置于一种宏大的后现代主义背景下,就会发现,西方新公共管理变革与环境运动存在协调适应的可能性。其原因在于,两者都可被视为20世纪70年代以来西方后现代主义思潮的反映和践行过程,二者因此在背景蕴含与价值取向上具有天然的、不可分割的内在联系。

新公共管理可以被视为后现代主义思潮在政治领域的反映与践行。就新公共管理的内涵或特征而言,从胡德(C. C. Hood)在担任伦敦经济学院院长就职演说时的总结与经合组织(OECD)1995年公共管理发展报告的归纳到奥斯本(David Osborne)和盖布勒(Ted Gaebler)在《改革政府》中所描述的"企业化政府"模式的10大原则,[②]再

---

① 新公共管理变革主要是由政府自身或政治领导人发起,它试图在政府管理领域摆脱僵化的传统公共行政的羁绊,引入企业化、竞争化、分散化、市场方式与顾客导向、项目预算与战略管理、结果控制与绩效评估等纯粹"管理主义"的思维理念和实践模式,期望发生政府作用以及政府与公民社会关系的一种深刻变化,意味着公共部门管理领域中新范式的出现。环境运动则起于民间社会,其标志在于一系列环保NGO和绿党的成立,以及具有不同规模、类型的大众环保运动的进行;不论从浅生态(shallow ecology)还是深生态(deep ecology)角度而言,环境运动都以保护生态环境、解除生存危机、促进人类社会可持续发展为旨趣,并试图对人类社会与自然关系进行重新思考,期望在认识自然内在价值的基础上实现人与自然的充分和谐,从而反映出一种对新社会或新政治的自觉追求。郇庆治:《80年代末以来的西欧环境运动:一种定量分析》,载《欧洲》2002年第6期,第75~84页;Owen E. Hughes, *A Public Management and Administration: An Introduction*, P. 1~6.

② 胡德在其担任伦敦经济学院院长的就职演说中曾将"新公共管理"的内涵与特征归纳为以下7个方面:(1)向职业化管理的转变;(2)标准与绩效测量;(3)产出控制;(4)单位的分散化;(5)竞争;(6)私人部门管理的风格;(7)纪律与节约。经合组织在其1995年度公共管理发展报告《转变中的治理》中则把新公共管理的特征归纳为以下8个方面:(1)转移权威,提供灵活性;(2)保证绩效、控制和责任制;(3)发展竞争和选择;(4)提供灵活性;(5)改善人力资源管理;(6)优化信息技术;(7)改善管制质量;(8)加强中央指导职能。奥斯本和盖布勒也在《改革政府》中描述了"企业化政府"模式的10大原则:(1)起催化作用的政府:掌舵而不是划桨;(2)社区拥有的政府:授权而不是服务;(3)竞争性政府:把竞争机制注入到提供服务中去;(转下页)

到彼得斯(B· Guy Peters)在《政府未来的治理模式》中所划分的4种新公共管理模式类型:市场化政府、参与型政府、灵活性政府和解除规制政府,①其终极取向明显体现为后现代主义所倡导的政治领域非官僚化、非集权、分散化、多元化、个人责任与社会责任等价值要求。

环境运动则可被视为后现代主义思潮在社会与经济领域的反映与践行。无论从浅绿或浅生态学(shallow ecology)角度"主张一种对环境难题的管理性方法"②以保护生态环境,还是从深绿或深生态学(deep ecology)角度谋求我们与非人类世界的关系以及我们社会生活、政治运作模式的深刻改变,从而使我们的经济结构、社会结构和政治结构题更具生态的分散化特征,都反映出后现代主义思潮尊重自然价值、注重生活质量、支持生态主义稳态经济、接近自然的分散化的社区生活等价值追求。③

因此,可以认为,西方新公共管理变革与环境运动两者都属于后现代主义思潮对现代性弊端的一系列批判或纠正的重要内容,它们都反映出了超越现代性的"去中心化"尝试以及对某种新生活、新政治的多样化追求。同样的后现代主义背景可能会使两者在政治与社会等层面上相互认同,协调共进;自上而下的新公共管理变革

(接上页)(4)有使命的政府:改变照章办事的组织;(5)讲究效果的政府:按效果而不是按投入拨款;(6)受顾客驱使的政府:满足顾客的需要,而不是官僚政治需要;(7)有事业心的政府:有收益而不浪费;(8)有预见的政府:预防而不是治疗;(9)分权的政府:从等级制到参与和协作;(10)以市场为导向的政府:通过市场力量进行变革。陈振明:《评西方的"新公共管理"范式》,载《中国社会科学》2000年第6期,第73~82页;〔美〕戴维·奥斯本,特德·盖布勒:《改革政府:企业精神如何改革着政府》,上海译文出版社1996年版,第21页。

① B. Guy. Peters, *The Future of Governing: Four Emerging Models* (Kansas: University Press of Kansas, 1996), P. 16~20.

② 〔英〕安德鲁·多布森:《绿色政治思想》,第2页。

③ 有关浅绿深绿等内容的阐述,可参见上篇第五章第一节的注解。

与自下而上的环境政治思考或行动从理论层面上说便具有洽合的可能性。

二、现实基础

关于其现实基础,可以从人类社会所面临的生态挑战以及全球环境治理情境来考虑。

(一)既有公共部门管理范式在应对生态挑战方面存在内部缺陷

诚如上篇所述,自18世纪中期西方工业革命尤其是二战后新科技革命以来,人类社会对工业文明与现代科技的狂热崇拜使得人类与自然之间的鸿沟越来越大,人类对自然的征服性掠夺所导致的环境恶果正在不断损害人类社会既有的生产生活秩序,全球扩张的环境危害甚至危及整个世界的生存与安全,从而造成人类生存危机难题。因此,各国公共部门或国际公共组织在应对严重环境危害上面临前所未有的压力。

由于环境危害的"全球性"特征早在20世纪80年代特别是90年代末期逐渐显露,环境问题业已逐步集中到臭氧层衰竭、全球气候变化、生物多样性消失、土壤沙漠化、有毒污染物扩散等重大议题上来,并以全球气候变化为重。2001年和2007年的政府间气候变化专门委员会(IPCC)报告都曾预测人为因素导致的气候变化将越来越强,气候变暖发生得更快,极端气候事件或自然灾害的频率和范围也会增加。① 事实上,"厄尔尼诺"与"拉尼娜"现象引发的气候波动已经影响到全球每个地区。1997~1998年的厄尔尼诺事件曾导致全球重大灾害与损失;②2007~2008年的拉尼娜现象则导致北美地区遭遇剧烈降温与暴风雪,西欧、非洲经受强降雨和洪水,亚洲遭受强热带风暴袭击,中国南方出现建国以来罕见的持续大范围低

---

① 相关内容已在上篇章节做过阐述。

② 参见上篇相关论述。

温、雨雪和冰冻天气。[①] 环境灾害的频频发生,已经充分暴露出人类社会系统的脆弱性。

从问题表面看,生态挑战的应对可能更多地在于如何采取新型技术方法以有效处理客观环境危害,但从深层源流追究则会逐步延展到公共部门现有的管理思路或制度设计缺陷。尽管人类文明的发展史已经向我们说明,产生于高一级文明基础上的组织与技术方法能够克服以往低一级文明的诸种不利或弊端,但它们克服自身所在文明之弊端的可能性并未获得更多的支持性证明。换句话说,公共部门采用建构于现有工业文明基础上的管理范式应对生态挑战的可能性和成效令人怀疑;既有公共部门管理范式在应对生态挑战方面存在先天的内部缺陷。

通过深入分析我们可能会发现,现有的公共部门管理范式主要是基于工业文明的经济人假设和经济理性范畴,试图寻求人的自我利益最大化并优先关注数量增长或规模扩张。或者说,它是建立在工业文明"增长是天然合理的"哲学基础上,崇尚功利主义和物质主义,坚持经济增长至上和效率优先,试图征服或控制自然。贯彻此种思维范式的公共部门容易以片面、短视的经济人观点行事,在管理上往往会导致各种与周围自然要素、社会要素以及长远目标相分离相冲突的不良倾向或后果。

由于生态系统明显具有复杂性,而人类社会体系本身也很复杂,形成于生态系统和人类社会系统交互作用基础上的环境问题便具有双重复杂性。[②] 因此,要有力地迎接生态挑战,21 世纪的公共

---

① APEC Industrial Science and Technology Working Group, *Report on APEC Climate Symposium* (Peru: Lima, 19 ~ 21 August 2008); andAPEC Climate Center, *Review of Climate Condition over ASIA - PACIFIC Region during* 2007 - 2008 (Peru: Lima, 19 ~ 21 August 2008).

② John S. Dryzek, *The Politics of the Earth: Environmental Discourses*, P. 9.

部门在管理范式上不仅要具有人类视角——考虑人类所追求的经济增长、规模扩张,更要思考一下经济增长或规模扩张对社会、自然的当前和未来寓意。

幸运的是,贯彻生态理性的生态人因其可能更多地关注人类的生态责任,试图以生态主义的整体思维对人、自然、社会进行公平审视,或可说是“力图用整体、协调的原则和机制来重新铸造社会的生产关系、生活方式、生态观念和生态秩序”①,从而为未来公共部门采用超越工业文明基础的管理范式去克服生态挑战提供了某种可能性。

(二)全球环境治理情境促使新公共管理变革与环境运动联结兼容

生态挑战已经向我们凸显出了一种能够涵纳共同环境价值取向的全球环境危机治理情境。在这种情境下,公共部门通过不断增强自身对社会的回应性、开放性和责任感,能够以非集中化或扩大的政治机会结构包容市民社会的生态要求和环境主义者的政治参与;而环境主义者则希望借助环境议程和既有的正式制度渠道实现其新社会或新政治追求。因此,新公共管理变革与环境运动能够在持续的环境危机治理情境中联结起来。

一是在公共政策与法律框架上,公共部门开始努力倡导环境价值,把环境考量列入政策规划与法律制定当中,试图以政府主动决策和环境立法来加强经济发展与环境保护之间的协调进程。以欧盟为例,其前身欧共体 1972 年 10 月巴黎会议即认为“经济增长本身不是目的,经济增长应该有利于生活质量和生活水平的提高,特别要注意一些无形的价值观和环境保护问题”②。并要求在 1973 年 7 月 31 日

① 李兆清:《生态文明:新文明观》,载《高科技与产业化》2007 年第 9 期,第 45 ~46 页。

② 肖主安、冯建中主编:《走向绿色的欧洲——欧盟环境保护制度》,江西高校出版社 2006 年版,第 68 页。

前拿出一个具备精确时间表的环境行动计划。欧盟(EU)第一个环境行动计划即于1973年展开,至今已推出6个行动计划。

不仅如此,1987年生效的《单一欧洲法》(*The Single European Act*)还为环境保护提供了法律基础,把环境保护的主要目标确定为保护和改进环境质量,保护人类健康,谨慎和理性地利用自然资源。① 1993年生效的《马斯特里赫特条约》(*Maastricht Treaty*)则首次确立了"尊重环境的可持续发展"概念。1997年《阿姆斯特丹条约》(*Treaty of Amsterdam*)又在把可持续发展列为欧盟优先目标的基础上,要求把环境考虑整合到欧盟所有政策当中。②

二是在政府构成和意识形态上,在地方、国家、全球多个层面上展开环境运动的主要环境团体尤其是绿党人士"已经获得了对正式政策机构和程序的进入权"③。不论是发出呼吁、表达反对还是谋求合作,他们的行动目标已愈发指向国家或国际的公共部门。④ 1990年代中期以来始终与联合国气候变化大会相伴随、一系列由环境非政府组织发起的游行倡议活动或许更明确地表明了这一趋向。并且,为了对公共部门施加更为持久的影响,环境运动还从早期由"公众和组织组成,参与集体行动,以追求环境利益的广泛网络"⑤日益向正规化、职业化、官僚化的绿色政治组织——绿党转

---

① EU,"The Single European Act",available at http://europa. eu/scadplus/treaties/singleact_en. htm#INSTITUTIONS,accessed on 11 June 2008.

② EU,"The Amsterdam Treaty:the Union and the citizens",available at http://europa. eu/scadplus/leg/en/lvb/a15000. htm,accessed on 11 June 2008.

③ 〔英〕克里斯托弗·卢茨著,徐凯译:《西方环境运动:地方、国家和全球向度》,山东大学出版社2005年版,第19页。

④ 国内学者郇庆治教授对西欧80年代末以来环境运动的定量分析或可为此做一注解。郇庆治:《环境政治国际比较》,第112~129页。

⑤ Christopher A. Roots,*Environmental Movements and Green Parties in Western and Eastern Europe*,in M. Redclift and G. woodgate (eds.),*International Handbook of Environmental Sociology* (Cheltenham and Northampton:Edward Elgar,1997).

变。欧洲国家如德国、法国、芬兰、意大利等国的绿党不仅在90年代后相继与主流党派共同组建执政联盟,还以统一的欧洲绿党身份参与欧洲议会政治。① 为延续甚或扩大政治参与和政治影响,环境主义者尤其是绿党人士开始在一定程度上与主流党派达成妥协,其政治纲领愈发呈现出一种现实的渐进主义色彩。③2001 年在堪培拉成立的全球绿党联盟(Global Greens)也分别于成立当年和2008 年召开全球代表大会,试图联合美洲、欧洲、亚太、非洲的绿党组织和环境运动人士,谋求在更大程度上推动世界各国社会政治朝着绿色方向发展。④

在全球环境治理中,尽管许多国家的公共部门或主流团体并未呈现出环境政治与环境伦理意义上的深绿或生态主义倾向,但其管理范式由此所呈现的"环境友好"色彩却极为浓厚,它正试图从一种接近于生态中心主义的生态人假设和生态理性角度认知自然、应对环境事务,因而使人权⑤与环境并重。⑥ 换句话说,我们在讨论西方公共管理范式变革时可能对其环境价值取向有所忽略。

综上所述,环境友好的公共管理范式在理论与现实上是明晰可辨的;遵循此种范式开展公共管理的政府则应被相应地称为环境友好型政府。

---

①③ 〔德〕斐迪南·穆勒—罗密尔、托马斯·波古特克主编,郇庆治译:《欧洲执政绿党》,山东大学出版社 2005 年版。

④ Global Greens, *Global Greens Charter* - 2001, available at http://www. globalgreens. org/ globalcharter, accessed on 2 June 2009.

⑤ 这里所说的"人权"主要是指广义的人的生存权与发展权,而非一种具有意识形态色彩的政治斗争工具。

⑥ 这些动向或效果尽管发生于诸如欧盟及其主要成员国等发达地区,但仍在某种程度上证明了公共部门环境友好管理范式的实践可行性;甚至可以说,这种环境友好实践可能已经使欧盟地区的许多国家呈现出了我们所说的"生态文明"的某种迹象。

三、环境友好型政府的基本概念与原则

通过环境友好的公共管理范式观察问题以及实施行为的特有视角，可以认为，所谓环境友好型政府，就是一种遵循人、自然、社会和谐共生、互利共荣规律并加以拓展的政府形态。

从观念上说，它应注重前文所述生态理性，也即注重整体意义上质的发展而非单纯的物质扩张，关注事务(物)的内在价值——协调平衡、整体稳定和可持续性。它还要把政府看成是与其周围自然及社会不可分割的生态人，也即前文所说的认识到其对生态统一体的依赖性；主张政府与其周围自然、社会之间是平等互利的伙伴关系，承认自然的合理价值并赋予其应有的伦理关怀；强调政府、社会与自然之间以及各自内部协调平衡的重要性。

从操作上说，它更多的是把物质增长作为手段而非目标，更善于反思增长的结果与意义；它试图超越现在单纯追求技术效果所造成的单一状态，期望通过技术创新、结构优化实现对传统生产、消费以及增长模式的生态转型，进而达致地区、区域甚至全球生态圈的丰富多彩与持久和谐。它要求在政府的管理程式包括计划、组织、人事、决策、指挥、绩效、报告、预算、采购、资源分配等环节上优先实行环境评价，针对生态政治原则优化流程组合。

从秉持的基本规则上说，它将包括以下 5 个方面：①

其一，关爱自然：认识到自然环境是人类政治与社会和平、发展、安全的基础，使得关爱自然、改善自然状况成为促进政治与社会和谐稳定、持续发展的有效动力。

其二，伙伴关系：在公共政策、公共行动方面促进平等合作与参与，促进关乎社会、自然议题的公共领域或公共论坛的发展，促进生

---

① 中国现代化战略研究课题组、中国科学院中国现代化研究中心：《中国现代化报告 2007——生态现代化研究》，北京大学出版社 2007 年版，第 115 页。

态民主。

其三,协调平衡:综合协调各种管理要素,保持公共组织、社会、自然之间以及各自内部的动态平衡。

其四,整体稳定:对组织、社会、自然的输入、输出与转化过程进行有效监测,使正反馈与负反馈、各子系统乃至整个系统保持稳定状态,以整体的思维考虑问题。

其五,可持续性:促进人类社会代内公平与代际公平,维持或扩展经济、社会、自然持续共存共荣的能力。

把这些原则作为一套管理规范,就要求政府各部门打破部门局限,不损害自然,不以脱离自然环境和社会环境的统治者自居(而应清楚地认识到政府在更多情况下只是众多社会组织中一个具有法人身份的重要成员),不急躁冒进,不竭泽而渔。

总之,由于深切认识到与周围自然、社会间所具有的不可分割的内在联系,环境友好型政府在定位上就不仅与当前服务型政府和资源节约型政府理念相契合,甚至可以说是对二者的某种统一。①

第二节　环境友好型政府对中国特殊语境的适应性

就中国特殊语境而言,它不仅是全球最大的发展中国家、社会主义国家,还同时是一个环境影响大国。对环境与发展关系的处理不仅关涉国内环境与发展难题的解决,而且影响中国的经济与社会发展进程以及中国特色社会主义建构模式,更会影响中国的国际形象与国际声望。因此,环境友好型政府对中国特殊语境的适应性,可能要从政治可接受性和政策可行性两个方面综合考虑。

---

① 黄爱宝:《“节约型政府”与“服务型政府”的内涵定位与范式契合》,载《社会科学研究》2007 年第 5 期,第 54 ~ 59 页。

一、政治可接受性

(一)建设环境友好型政府是我国走向生态文明与可持续社会的必然要求

中国共产党十七大提出的生态文明与可持续社会愿景是对既有工业文明及其发展风险与限制的一种反思和超越,它将在高于工业文明及其技术限制、环境风险的范畴上建构相应的物质、精神和政治成果。其内在诉求及认知路径决定了建设环境友好型政府的必要性。

首先,从理想诉求上说,它试图以一种整体主义的思维对当前与未来向度的人、自然、社会进行公正审视和平等眷顾,以实现人、自然、社会间和谐、持续的共生共荣。

其次,从现实诉求上说,它要求建构一种能够克服现行工业文明弊端的新型组织与技术方式,也即通过实现经济、社会甚或政治的生态转型来促进生态环境难题的解决,并解脱这些难题给我们不断增长的物质需求和不断遭受制约的"增长型"经济间所造成的种种困境与约束。

最后,从认知路径上说,目前发展中所遭遇的技术限制、环境风险或环境难题不可能采取传统的应急式方案各自处理,因为它们之间往往复杂联结。诚如罗马俱乐部早在1972年《增长的极限》中所指出的那样,工业化、人口增长、营养不良、资源衰竭、环境退化之间是相互交织的。因此,"零敲碎打的处理方法将会产生更多的问题"①,更为安全稳妥的应对思路应当是综合平衡的,应把重点"放在完整化"和"依靠稳定"上。②

环境友好型政府所贯彻的生态理性观念,所秉持的关爱自然、

---

①② 〔英〕E. 戈德史密斯编著:《生存的蓝图》,第13页。

协调平衡、整体稳定等规则,所践行的生态化操作模式,无疑与生态文明的内在诉求和认知路径是一致的。中国的公共部门应该在管理层面上预先或尽早为那些即将付出的物质、精神或政治努力规划并实施生态导向。唯其如此,所取得的文明成果才能是生态的。

(二)环境友好型政府适应科学发展观以及构建和谐社会的基本要求

科学发展观要求对人与自然、经济社会、区域发展、城乡发展等加以统筹,这种"统筹"实质上所体现的就是一种整体主义的科学理性;而要在政府层面上落实科学发展观,就必然要形成一种贯彻这种整体主义的科学理性的管理范式。环境友好型政府所秉持的生态理性以及协调平衡等原则无疑是这种科学理性的具体化。

另外,新行政范式所贯彻的生态理性、基本原则与我们对和谐社会"和谐"境界的追求也是相通的。用中国传统表达方式来说,"和谐"境界就在于"和而不同",在于无论相同事物(务)还是不同事物(务)之间相互关系的协调与平衡。①它要求承认多元化与差异的客观性,并对多元化要素予以公平对待。它不仅要立足于社会内部组织或个体间的良性互动,最终还要立足于社会、自然间的良性互动。环境友好型政府对政府、社会与自然之间以及各自内部协调平衡的强调为这种"和谐"境界的追求注入了有效动力。

或可认为,建设一种环境友好型政府将有益于加快科学发展观、和谐社会的实践进程。

二、政策可行性

(一)环境友好型政府适应当前国内新安全议题以及不断提高的环境觉悟和生活品质要求

---

① 蔺雪春:《大政治观:生态政治观对构建中国和谐社会的有益启示》,载中国人民大学复印报刊资料《中国政治》2006年第6期,第34~37页。

诚如前文所述，中国国内所面临的新安全议题如食品安全、药品安全、生产安全、金融安全、能源安全、环境安全等等——从名称上看似乎处于不同的问题领域并可能要求不同的管理方式。但从应对思路上说，由于它们之间往往具有极为复杂的联结关系，它们实际上反映了我们不断增长的物质需求和不断遭受制约的“增长型”经济间所存在的一种困境，对这些安全议题就不可能采取传统的应急式方案各自处理，问题解决的思路应以延缓或解除总体的困境制约为基础。另外，在追求基本安全的基础上，随着国内外环境事务的不断深入与扩展，社会公众的环境觉悟及其对生活品质的要求也在不断提高，能否在各领域努力贯彻环境价值推进环境友好实践，将不可避免地成为衡量公共部门未来存续甚或竞争能力的重要标准。这些安全问题以及更高品质要求的解决或满足最终要求政府从可持续性、完整化、平衡稳定等基本原则出发，从整体上构筑一种持久的新安全与新发展体制，引领我们走上一种绿色乃至更绿的可持续发展道路。

（二）环境友好型政府适应中国参与全球环境治理、塑造建设性和负责任大国形象的基本要求

随着1990年代尤其是新千年来以应对全球气候变暖为标志的全球环境治理情势的突显，以及全球环境话语讨论的不断深入，环境议题已经逐步取得了与人权议题同等重要的地位，甚至有可能成为人权议题的重要基础，因为清洁、舒适的地球栖息环境明显是人类生存以及高质量生活的前提或保障。

同时，不断扩展的全球环境治理机制建设也使国际社会愈发深刻地认识到，全球环境事务关涉整个世界人类共同体的前途与命运，任何一个国家都不可能置身事外。作为世界上最大的发展中国家与环境影响大国，随着世界对中国发展模式关注程度的不断提高，中国在全球环境事务中的作用与角色将备受关注。因此，建构

一种贯彻生态理性的政府管理范式,不断促使政府部门在管理过程中努力推进从忽视或排斥环境价值到认同环境价值、与环境相和谐的转变过程,将有利于中国担承全球环境保护与治理的共同责任,为其在国际社会或全球层面上建构一种负责任、建设性的大国形象,有助于中国形成一种促进和维护自身长远发展、和平发展的国际基础。

总之,从现实角度来说,无论是对当前具体的环境事务、安全议题还是更为宏大的生态文明建设、实现科学发展与社会和谐而言,在我国市民社会尚未充分发育仍然需要政府部门有效发挥引领作用的情况下,环境友好型政府都应该被看成其中的一个重要甚或关键环节。我们有必要从理论上重新审视我们对西方公共管理范式演革的评价与认识,重新思考公共管理的环境价值取向或生态哲学基点,从而更加明确地把环境考虑重新纳入到公共管理中来,完善我国公共部门管理范式的理论内涵,促使公共部门在管理实践上朝着清洁健康、有益于自然与社会环境的方向发展。

三、环境友好型政府的未来前景

纵观公共部门管理范式的变迁历程,我们可能会发现,尽管同是建构于工业文明范畴的基础上,传统公共行政范式主要是与19世纪后半叶以来的近现代工业社会背景相应,新公共管理范式却与20世纪七八十年代以来的后工业社会背景相应。因此,经济与社会进程对公共部门管理范式变迁可能具有重要的影响甚或决定作用。依此推论,21世纪的经济与社会进程已开始向着一种寻求可持续性的生态社会、生态文明范畴发展,贯彻生态理性也必然要相应成为公共部门管理范式演变的一个重要方向。

因此可以预见的是,随着中国有关国家生态规划、生态补偿与责任制以及更为个体的生态社区、环境友好城市、生态省等一系列建设目标的不断推进，一种能够涵盖现有单纯的资源节约型政府概念、内含更为广泛的、贯彻生态理性的公共部门管理范式（现实上可能会体现为环境友好型政府理念）其推行将不会为时太远。进一步说，我们应当还能在绿色实践的道路上走得更远、做得更好。

第三节　绿色新政：加快中国公共部门的环境友好进程

前文已经论证，环境友好型政府具有理论与实践上的可能性和可行性，但要加快环境友好型政府建设，从而在宏观管理上为推动中国可持续发展战略提供一种组织保障，则要在遵循或贯彻环境友好政府理念基础上进行一系列更加务实的变革。从其突出的表征来看，这种变革我们或可称为“绿色新政”。其内容可主要概括为以下几个方面：

一、采取措施促使环境议题主流化

因为环境议题如果始终处于经济议题和传统政治议题的附属地位，就无法得到应有的关注，其对社会共同体可持续生存与长远发展的重要性就难以得到充分认知和理解。而且，就中国的特殊语境而言，政治层面对环境议题重要性的理解越深刻，环境价值取向进而某种生态思维被贯彻到整个公共部门实践甚或所有公共政策当中的可能性就越大。

为此可采取的重点措施包括以下几种：

（一）公开环境信息。由环境部或国务院每隔固定周期制定我国环境状况报告，为达到提醒公众注意的效果，该报告应由国务院或环境部以醒目的绿皮书形式公布，其传播媒介应当基于现有的社会组织结构和电子信息技术尤其是互联网络，深入到基层社区、家

庭、青少年和妇女群体当中。

(二)开展环境对话。对于公布的环境报告或环境与发展信息,应当允许通过建立官方、民间、或官民合作的环境论坛、环保组织,在国际、国家、地方、社区等各层面展开相应的讨论,形成一种有关环境事务的绿色公共领域。这种绿色公共领域将最终有益于中国党政部门的环境与发展决策或战略制定。

(三)公开构设环境议程或环境计划。在环境对话充分吸收社会公众意愿的基础上,由党政部门统一领导制定类似国民经济五年期规划或欧盟环境计划那样的长远环保规划、环保战略,并在全国人民代表大会上讨论审议。

(四)曝光环境违法行为或环境事件。通过媒体把环境违法行为或环境事件进行报道,从而提升与环境相关法律、环境事件的重要意义,让直接责任人受到触动,让社会公众受到启发。

(五)及时公布环境影响评价信息。让社会公众作为利害相关人,获得某种环境知情权,从而具备参与环境规划、环境决策与行动的初步机会。

二、在公共政策上吸纳或整合环境价值

现有的发展政策体系应全面贯彻环境规划,公共政策制定应系统分析各类政策选项的环境成本与环境效果,推进绿色经济发展和环境激励。同时要充分认识环境目标的未来性或长程效应,它很难像经济政策那样在短期内产生特定效果。相应的措施包括以下几个方面:

(一)预算安排优先关注环保节能项目,把投资更多地放在能够创造更多工作机会的环境项目上,既通过开发新型的环境项目减少绝对经济贫困,又通过这些环境项目来修复支撑经济与社会发展的生态系统。

（二）在金融政策上实施环境保险、环境借贷，扶持和保障环境产业，或在环境借贷时通过环境条件审查与相应的环境担保措施来促进产业技术及生产模式的生态转型。

（三）在产业政策上加强环境产业规划或产业布局的环境友好导向，在项目规划与审批上加强环境影响评价，严格限制有害于环境的项目上马；在项目运行中则通过严格执行环境标准体系的相关规则消除环境影响。由此，可通过改善规划水平逐步淘汰那些高消耗、高污染、高排放的落后产能，增加或扩展那些采用清洁生产、节能减排、循环经济、低碳经济模式的新型产业。

（四）在财政政策中逐步实施国民经济核算绿色化也即绿色GDP，把环境成本与环境收益反映在整个国内生产总值当中，使各生产和服务部门认识到环境产品与环境服务的深度价值，促进有益于环境的生产和服务，促进环境外部性的内部化。

（五）在税收、补贴政策上力争实施环境税、节能税或对环保节能项目实行优惠与补贴，对有益于环境的生产与服务进行经济奖励，以激励环保行动。

（六）通过绿色消费政策引导社会公众适度节制消费，引导消费者增强对生态标志产品与服务的消费偏好，形成有益于促进循环经济、低碳经济运行和环境保护的市场动力。

（七）在科技研发政策上加强生态科学、生态技术以及相应的环境人文或环境社会科学的发展，大力开发低碳技术、节能或能效技术、清洁能源技术，同时还要减少科技研发本身的环境与安全风险，形成有效的科研管理与监督体制，从而促进国家环境承载力、生态竞争力的成长。

三、构建有效的环境制度

公共政策往往由于公共部门领导人的更替而具有一定的变动

性。因此,对环境价值的整合与贯彻可能最终要依靠坚实的环境管理制度或机制来保障。其主要内容包括:

(一)建立系统的环境审计制度。在每个预决算年度以及领导离职时期,针对其影响或管辖范围内的环境成本、环境收益、环境治理措施、生态环境改善状况等方面所发生的财务账目进行合法及合理性审查,并及时将审查信息通过大众媒体和互联网络向社会公布。

(二)实行环境报告制度以及领导职务环境责任制或问责制。每届党政领导班子都应就其职务任期内的环境管理、环境建设、环境改善状况进行专门述职报告,对任期内发生重大环境事件(包括重大环境污染、环境事故、环境群体事件等)、可能负有直接责任的党政领导进行问责,问责方式可采取强制辞职、引咎辞职、提起法律诉讼等方式,从而在领导职务的选拔、使用、退出等各个环节上确保环境价值的贯彻与整合。

(三)继续完善和落实环境影响或风险评价制度。环境影响评价制度虽已建立和实施,但其实际程序往往因经济先行或 GDP 先行的政策与政绩导向而受干扰,其实际效果难以如法律规定或社会公众所预期的那样理想。因此,可考虑采取专门的年度环境影响评价检查以及地方公众参与环境决策和环境监督来推进环境影响评价的落实。

(四)推进生态恢复或补偿制度。为此,可对项目建设与资源开发资源使用行为要求先期递交专门的生态恢复或补偿方案,视方案合法与合理性开展项目和进度审批;也可对环境补偿行为进行一定的奖励。

(五)完善环境灾害应急管理体制。从中央到地方的整个政府体系都应根据其不同的管理特征,建立有针对性的应急指挥系统,既要区分城市与乡村应急体系的差异性,又要加强两者间的整合,形成城乡有别但能协调联动的防灾救灾体系，预防或减少环境灾害的蔓延风险。

（六）推进环境立法、环境诉讼、环境监察、环境监理及环境经济补偿，通过环境法律措施建构起有效的环境管理与救助体系，突出环境权的建构与维护。但应注意的是，在此过程中要吸收环境专家、具有直接利害关系的工商企业家、社会或社区公众参与，以增进环境法律措施的经济与社会认可度。

四、在全社会或各社区推进环境教育和环境培训

上篇已述，环境教育和培训的主要功能，在于培育一种具有环境责任感的环境公民或居民，使之能够认识并关注环境及其相关问题，并在个体和集体层次上具备面向解决当前环境问题或预防新问题的知识、技能、态度、动机、承诺，从而最终有利于自下而上地贯彻和实现国家既定的环境价值、战略、计划。这方面的措施将包括：

（一）面向可持续发展或最新的环境话语理论——生态现代化完善教育方针和改进教育体系。既可通过现有的正式教育体系和社区学校，也可通过专门的环境科普馆、环境博物馆加大环境理念、环保知识、环保法律的传授。其中应特别注意的是，针对社会实际需要加强跨学科的生态政治学、环境经济学、环境社会学、环境艺术或美学教育，促进青少年与社会公众宏观思维方法与整体视野的形成。

（二）加强环保技能培训。聘请环境专家与在环保方面作出突出贡献的工商企业家，就低碳技术、清洁生产技术、新能源技术、循环技术和绿色消费等进行讲解宣传，增进青少年与社区公众的环境保护能力；同时，还应通过例行性的环境演习（尤其是环境灾害应急演练）或环保技能竞赛提高青少年与社区公众对环境风险或灾害的应对与适应能力。

（三）通过现有的媒体系统和互联网络以及进一步的环境论坛、

环境组织,或专门的社会环境保护行动,加强公民的环保参与、环境监督,激励公民的环保动机与承诺。

(四)加大青少年与社区公众对全球环境事务的关注度和参与度,扩展中国普通公民在全球环境事务中的认知与行动能力。因为青少年与社区公众可能真正代表着中国环境与发展事务的未来,能够说明中国环境保护意愿与能力的实际状态。应该通过正式的政府组织渠道与非正式的全球市民社会渠道,把更多的中国青少年与社区公众推向全球环境与发展会议、全球环境团体的议台。

当然,作为一种深远的变革,绿色新政绝不止以上内容,它还应包括的更多。随着未来环境问题情境的变化,绿色新政本身也将被不断革新或自行发生演变。

小结

生态向度的思考已经使公共管理跨出了传统政治的范畴,它的许多方面或潜在影响我们尚无法明确。但无论如何,这种生态向度的变革对推进生态文明与和谐社会建设的21世纪的中国而言非常重要,因为中国的建设与发展可能仍要借重半个多世纪以来尤其是30年的改革开放过程中所形成的政府主导模式,而这种模式短时期内不太可能发生重大转变。因此,通过绿色新政加快公共部门的环境友好进程,使其真正向着不同以往的环境友好型政府转变,不仅有助于从细节上妥善处理中国当前面临的环境难题,更有利于从宏观上确保中国未来发展的生态取向。

第九章

中国可持续发展途径：生态现代化

从全球环境事务演变机理来看，环境话语与环境治理机制是协同演进的。中国可持续发展道路的选择应当遵循两者协同演进的基本规律。由于环境话语本身已经在主流上向着生态现代化演进，并促进和规约着基于生态现代化的环境治理机制的形成与发展；反过来说，这种贯彻生态现代化理念的环境治理机制在形成之后也会试图巩固和推进生态现代化的治理模式，培育一种有利于自身存在与发展的话语氛围。那么，在尚未激发出新的替代性话语之前，生态现代化应当成为我们可持续发展思考与行动的一个基石。

第一节　可持续发展：远景追求及其分化

可持续发展概念形成于20世纪80年代，并在90年代初成为一种全球战略。有关其核心观念我们已在上篇章节进行了专门探讨。到现在为止，可能没有哪一个国家或地区会对可持续发展概念感到陌生，它已经成为世界各国共同的目标。但我们也不得不承认，可持续发展在现实中仍然更多地体现为一种远景追求，在话语探讨上虽然美好但总有点不可触及的飘渺；其政策实践或社会行动往往会在不同历史境域下呈现出不同的理解或分化现象。

一、作为一种远景追求的可持续发展

可持续发展概念的提出，主要是基于打破生存主义业已提出的

"限制"背景,以及20世纪80年代经济与社会发展所遭受的环境危机和经济低迷、社会贫困等多重困扰——尤其是打破1972年罗马俱乐部提出世界增长存在极限之后所形成的悲观情绪——的考虑。

它试图指出一条世界人民可据以扩大他们的合作领域、一直到遥远的未来都能支持全球人类进步的道路。[①] 为此,它提出了一种激发整体思维和联合行动的信念与期望,也即WCED所说的"可以将地球作为一个有机体加以认识和研究,它的健康取决于它的各组成部分的健康。我们有力量使人类事务同自然规律相协调,并在此过程中繁荣昌盛……人民有能力建设一个更加繁荣、更加正义和更加安全的未来"[②]。但它并"没有提出一些行动的详细蓝图"[③]。或者我们可以认为,与充满忧虑的生存主义相比,可持续发展最终所能提出的是一种有关全球可持续性的远景追求。这种可持续性"不仅是发展中国家的目标,而且也是工业化国家的目标"[④]。这一点也在1992年联合国环境与发展会议宣言和《21世纪议程》中得到了进一步说明。

二、可持续发展的分化

应当注意的是,世界各国或不同地区历史境域的非均质性往往会使人们对可持续发展产生不同的理解。延展到政策实践或社会行动上,人们就会对可持续发展产生一系列疑问,这一点已在上篇章节中有所阐述。不同类型的行为体对可持续发展问题的解释往往各有侧重,而且不同的组织都试图通过各种研究项目澄清可持续发展概念的学科含义,甚至如加拿大学者布鲁克斯(D. B. Brooks)所指出的,自布伦特兰提出可持续发展概念后至少出现了40种有关

---

① 世界环境与发展委员会:《我们共同的未来》,第2页。

②③ 世界环境与发展委员会:《我们共同的未来》,第1~2页。

④ 世界环境与发展委员会:《我们共同的未来》,第5页。

"可持续发展"的定义。① 从社会分层角度来说,工商业团体明显侧重于经济增长的可持续性,贫困阶层则在重视经济增长可持续性的同时要求实现社会公正,环境主义者则往往认为自然环境的可持续性最为紧要。从国际关系角度来说,发展中国家认为"发展中国家、特别是最不发达国家和在环境方面最易受伤害的发展中国家的特殊情况和需要应受到优先考虑"②,并采取共同但有区别的责任的环境治理原则,发达国家则强调并要求关注发展中国家对全球生态环境日益增加的破坏影响。也正因如此,可持续发展在概念或战略实践上可能会由于历史境域的不同出现不同程度的分化甚至说不平等现象,人们对可持续发展的关切也就在更大程度上仍然处于一种远景追求或者说价值追求的层面。③

对中国而言,由于具有与发达国家不同的历史境域,它对可持续发展有着自己的理解与认识,因此可能会采取不同的可持续模式。诚如 1994 年中国政府在《中国 21 世纪议程》中所明确提出的那样,"可持续发展对于发达国家和发展中国家同样是必要的战略选择,但是对于像中国这样的发展中国家,可持续发展的前提是发展。为满足全体人民的基本需求和日益增长的物质文化需要,必须保持较快的经济增长速度,并逐步改善发展的质量,这是满足目前和将来中国人民需要和增强综合国力的一个主要途径。只有当经济增长率达到和保持一定的水平,才有可能不断消除贫困,人民的生活水平才会逐步提高,并且提供必要的能力和条件,支持可持续

---

① D. B. Brooks, *The Challenge of Sustainability: Is Environment and Economics Enough?"*, P. 401 ~ 408.

② UNCED, *Rio Declaration on Environment and Development*.

③ 有关发达国家与发展中国家就环境问题的分化,可参见田亚平、徐慧:《环境与发展中的南北关系》,载《世界地理研究》,2001 年第 1 期,第 84 ~ 90 页;徐犇:《环境与发展——论发达国家与发展中国家之间的公平》,载《世界经济与政治论坛》2005 年第 4 期,第 25 ~ 30 页。

发展”①。

对中国国内而言,广大地区历史境域的非均质性意味着不同地区、部门有着不同的需求重点、话语背景和思考方式,可持续发展的远景追求在东部发达省份与西部欠发达省份、在沿海与内陆等不同方位以及制造与服务等不同行业中的实践状况或实践效果会因不同的理解和选择而产生较大区别。根据“十五”国家科技攻关计划重点项目对中国大陆1987~2001年度的可持续发展数据的研究,不论从人口、资源、经济、环境、科技等哪一个维度分析,中国大陆的不同省份都处于不同的可持续发展层级上。② 这也许能够在一定程度上说明中国国内可持续发展的分化问题。

有关可持续发展理解或行动视角的分化明显不利于中国可持续发展战略的有效和整体推进。因此,必须把可持续发展的远景追求落实为一种稳定的操作实践,从实际角度出发为其选择一种理性准确地说是生态理性的现实路径。

第二节　生态现代化:谋求中国可持续性的一种现实路径

生态现代化是在可持续发展话语的基础上发展起来的,但由于所面临的具体时代背景不同,生态现代化又在可持续发展话语的基础上有所演进。与可持续发展相比,生态现代化吸收了可持续发展的思想成分,但它更注重现实意义上的政策设计和实践行动,是对可持续发展概念或战略在经济全球化背景下的一种具体化操作。

---

① 国家计委、国家科委等:《中国21世纪议程:中国21世纪人口、环境与发展白皮书》。

② 魏一鸣、傅小峰、陈长杰:《中国可持续发展管理理论与实践》,科学出版社2005年版,第47~62页。

自1990年代中期尤其是2002年联合国可持续发展世界首脑峰会以来，生态现代化因其从现实角度或现实手段出发对经济增长与环境保护关系的协调平衡，以及对可持续发展内涵的承继，在很大程度上得到了西方国家的认可，逐步成为西方国家贯彻可持续发展战略的一种现实的方案选项。但生态现代化在西方国家的成功并非意味着它对东方特殊语境的中国就没有适应性。

一、生态现代化对中国语境的适应性

这种适应性可从以下几个方面综合考量：

首先，从正当性上说，生态现代化符合科学发展观的要求。生态现代化力图通过全面的技术革新实现经济生产与社会消费的生态转型，从而形成一种绿色的经济与社会体系。这种生产与消费的生态转型体现了人类社会的生态理性向度，符合科学发展观“统筹人与自然和谐发展”的要求。而生态化的生产与消费不仅是环境危害及其引发的环境议题背景下对经济结构与经济增长模式的更新，同样是社会进步的动力与标志，符合科学发展观“统筹经济社会发展”的要求。另一方面，生态现代化对严格环境标准的推行贯彻既能提高国内资源利用和生产效率，又可以提高自身经济的国际竞争力，符合科学发展观“统筹国内发展和对外开放”的要求。

其次，就合意性而言，生态现代化是世界第二次现代化潮流所趋，“是一种历史必然”①。18世纪中期以来由工业革命所引发的第一次现代化也即工业现代化在建构工业文明成果的同时，造成了大规模的资源损失、环境破坏和生态退化，已经危及人类的生存与发展。生态现代化则是对当前的人类生活模式和现代化模式所进行的生态修正与转向，属于20世纪70年代以来第二次现代化的主要

① 中国现代化战略研究课题组、中国科学院中国现代化研究中心：《中国现代化报告2007——生态现代化研究》，第144页。

内容。随着发达国家生态现代化的不断进步以及全球化的深入拓展,发展中国家将难以回避生态现代化的国际和国内压力。① 中国作为世界上最大的发展中国家和环境影响大国,积极推进国内生态现代化建设,既能促进自身经济与社会发展模式集约转型、有效解决国内面临的环境与发展难题,又能在国际社会中或全球层面上为自己建构一种负责任、建设性的大国形象,从而有利于形成一种促进和维护自身长远发展的国内与国际条件。

再次,从可能性上说,生态现代化虽然最早出现于欧洲资本主义国家,但它并非仅仅适用于资本主义。其原因在于,环境问题本身没有特定边界,它是现代工业模式造成的普遍结果;而已有的环境治理实践证明,生态现代化则是克服现代工业模式弊端及其环境难题的一种新型发展方式或手段。况且,生态现代化并不寻求对现行政治经济体制做大规模或深层次的重建,因此,它没有太多的意识形态色彩。另一方面,人们对可持续发展的追求是普遍的。生态现代化作为对可持续发展思想内涵的一种承继,能够从可持续发展的视角统一思考经济增长与环境保护的关系,使人们对可持续发展的追求仍然可以期待;不过,它可能更多地具有一种较为现实的渐进主义色彩。②

最后,就可行性而言,中国已经具备了积极推进生态现代化的基础条件和初步经验。通过30多年的改革开放与经济建设,中国已经具备较强的科技力量与技术创新能力,市场体制初显规模与效应并不断完善,政府体制及其规制能力也历经多次机构改革得以不断改进(其中值得注意的是,环境保护部门的重要性在不断提升,2008

---

① 中国现代化战略研究课题组、中国科学院中国现代化研究中心:《中国现代化报告2007——生态现代化研究》,第144页。

② Susan Baker, *The Politics of Sustainable development: Theory, Policy and Practice within the EU* (London: Routledge, 1997), P. 102.

年政府机构改革更是把 1998 年设立的国家环保总局升格为环境保护部)。而技术创新、市场效应和政府管治则是成功推进生态现代化不可或缺的必要因素。中国自 20 世纪 90 年代以来先后制定和实施了一系列促进环境保护、生态建设以及经济发展的环保计划或措施,包括《中国 21 世纪议程》、《全国生态环境建设规划》、生态工业或循环经济示范园区、生态城市建设、绿色标志与环境标准认证、节能减排、建设资源节约型或环境友好型社会等等。因此可以说,中国已经具备了积极推行生态现代化的基础条件,积累了推进生态现代化的初步经验。

综合以上 4 个方面,可以认为,生态现代化对中国语境具有特定的适应性,因而能够成为中国实现可持续发展追求的一种现实路径,即我们对可持续发展的远景追求可以通过推进生态现代化的具体实践逐步实现。

二、生态现代化的基本要求与原则

除了上篇章节对其核心观念做过的相应阐述外,根据中国现代化战略研究课题组、中国科学院中国现代化研究中心的进一步总结,它还在实践中逐步形成了比较一致的 4 个基本要求和 10 条基本原则。①4 个基本要求可以概括为"三化一脱钩",具体内容见表 9 - 1:

表 9 - 1　生态现代化的 4 个基本要求

序号	名称	内容
1	非物化(轻量化)	降低物质与能源的消耗和密度,提高经济生产与社会服务的效果和品质,也即高品低密、高效低耗
2	绿色化	尽可能地减少废物排放,达到无毒无害、清洁健康

① 中国现代化战略研究课题组、中国科学院中国现代化研究中心:《中国现代化报告 2007——生态现代化研究》,第 111 ~ 115 页。

(续表)

序号	名称	内容
3	生态化	对可能的污染事前控制,实行有益于环境的知识、技术、制度创新,提高资源能源的再循环、再利用能力,发展经济的同时加强生态重建,降低环境退化,也即预防、创新、循环、共赢
4	经济与环境退化脱钩	环境压力稳定或下降而经济驱动因素继续增长为绝对脱钩,环境压力的增长速度小于经济驱动因素的增长速度为相对脱钩。也即经济发展与物质需求增长脱钩、与自然资源消耗增长脱钩、与能源消耗增长脱钩、与环境污染增长脱钩、与生态退化脱钩、与环境进步良性耦合

10 条基本原则包括:预防原则、创新原则、效率原则、不等价原则、非物化原则、绿色化原则、生态化原则、民主参与原则、污染付费原则、经济环境双赢原则,具体内容见表 9-2。

表 9-2 生态现代化的 10 条基本原则

序号	名称	内容
1	预防原则	环境治理以预防为主,防治结合
2	创新原则	把知识创新、技术创新、制度创新作为解决环境难题的核心机制
3	效率原则	把提高资源能源利用效率和生态效率作为解决环境难题的重要途径
4	不等价原则	同一环境、资源和经济要素在不同国家、不同时期的价值和意义是不同的
5	非物化原则	降低物质与能源的消耗和密度,提高经济生产与社会服务的效果和品质
6	绿色化原则	尽可能地减少废物排放,达到无毒无害、清洁健康
7	生态化原则	生产、消费、经济、社会的行为模式、结构、制度实现生态转型,达到预防创新、循环共赢
8	民主参与原则	环境决策的科学化、民主化、社会化

（续表）

序号	名称	内容
9	污染付费原则	采用经济手段，谁污染谁付费，预防和控制环境污染
10	经济环境双赢原则	促进经济发展与环境退化脱钩，实现经济发展与环境进步协同

总之，生态现代化“通过重新界定技术、市场、政府管治、国际竞争、可持续性等基础要素的作用，对环境保护与经济增长之间的关系做了一种良性互动意义上的阐释”①。我们可以其核心观念、基本要求与原则为基础，构建中国自己的生态现代化战略体系。

第三节　中国生态现代化战略：一种简明观点

有关中国生态现代化的战略设计，中国现代化战略研究课题组、中国科学院中国现代化研究中心已经在其《中国现代化报告2007——生态现代化研究》中做了详细论述。在这里，笔者试图就自己的理解对战略重点、战略路径、主体组织问题做一简要说明。

一、战略重点：四个转型，三个改善，四个安全

（一）四个转型

主要是指科技的生态转型、经济的生态转型、社会的生态转型、政治的生态转型。

1. 从风险科技向生态科技转型

中国在发展过程中应当尽量避免或消除现代科技的破坏风险，大力发展生态科技。生态科技主要包括两个层面的内容：一是直接

① 郇庆治：《环境政治国际比较》，第49页。

的环保科学研究和环保技术开发，二是科学研究与技术开发的绿色化、生态化等去风险化过程。这种转型要求城市建立起必要的生态科技研发体系和管理体系，促进生态科技的学术研究、工程应用、全程管理。生态科技的转型过程应当先从北京、上海、南京、武汉、西安等科研实力较强的重点城市、重点行业领域的科技培育入手，然后向其他地域、省域和行业领域辐射，逐步形成较强的研发转化能力和实际效果。

2. 从物质经济向生态经济转型

物质经济的典型特征是资源能源的高消耗、污染物的高排放，因此是高物质密度、高能源密度。从物质经济向生态经济转型则是要实现经济模式的集约化，生产与流通过程达到高品低密、高效低耗、清洁健康、无毒无害，要特别标注生态标志，标明生产和流通环节所产生的与产品相关的环境效果、环境标准、清洁安全的使用方法等等；资源能源可再循环再利用；市场、金融、经济核算体系要考虑环境成本、环境效益，建设绿色市场、绿色金融、绿色核算，实施绿色运营；生态经济的主要领域包括生态工业、生态农业、绿色服务业，对城市而言重点是生态工业和绿色服务业，应当在这些领域形成具有示范性的生态园区并逐步扩大示范效应；对农村而言则应重点发展生态农业，形成各种有特色的生态农业区。另外，还要考虑农村经济与城市经济间的生态对接问题。

3. 从物质社会向生态社会转型

物质社会的主要特征与物质经济的典型特征相应，其消费方式倾向于高消费而非满足需求的适度消费；在社会文化上也往往受典型的拜物主义的诱导，认为对物质的需求和满足是“多多益善”，自然环境应当服从人类需求，人是经济人，人类世界则是整个自然界和生态系统的中心。从物质社会向着生态社会的转型则要求在居住方式上发展绿色人居，促进住宅区设计与使用环保节能，与自然相和谐;在消费方式上提倡适度消费,能够满足自我需求即可,无需过度开发和索取;在文化上则要求用整体、平衡、协调、可持续的眼光看待人类社会自身与大自然的关系以及当代人类与后代人类的关系,对人类世界与非人类自然界给予平等关照,把人当成生态人、来自于自然的人。这种转型过程对城市而言意味着要建设生态城市,农村则要建设生态农村,在城市与农村的供应、沟通、消费、文化体系上则要建设和发展绿色能源、绿色交通、绿色消费和绿色文化。

4. 从现代工业政治向生态政治转型

工业政治在经济理性的基础上形成了工业民主模式,政府管理通常围绕经济规模的扩张、经济力量的增长、政府权力的增长来运转,其核心议程在于维持政府与公民的关系;生态政治则可能在生态理性的基础上形成一种生态民主模式,政府管理则要围绕经济、社会、自然整体关系的处理来运转,注重质的变化、事务的稳定性与内在和谐,其核心议程在于政府、自然、公民间的和谐共生、互利共荣。从工业政治向生态政治的转型要求中央与各地方政府在管理过程中注重生态论坛或绿色公民社会的意义,包容公民的环境决策参与要求;把环境价值贯穿到所有部门的决策环节、管理环节,既要实现政府体系内生态也即政府各部门间的整体协调平衡,也要达成政府体系外生态也即政府—社会、政府—自然—社会间的整体协调平衡。可能的话,各级政府还应关注范围更广的省内、国内、国际甚或全球层面的生态保护。

(二)三个改善

主要是指生态条件、生态状况的改善与进步,包括自然资源、自然环境、生态系统的改善与进步,以为人类当代与后代维系生态系统的永续能力。

1. 自然资源的改善与进步

中国在自有自然资源的开发与保护上首先应尽量实行避免开

发的战略,转而依靠更有优势、更加便捷、更加廉价的资源输入。其次,不得已而开发资源的时候则应尽量边开发边保护,做到再循环、再利用。最后是要依靠清洁的、可再生资源的开发和使用。实行这些措施或开发更多保护自然资源的有效措施的目的在于实现人均资源存量以及资源利用能力的维护,特别是在土地、森林、水资源、矿产等方面。

2. 自然环境的改善与进步

主要是指地质环境、大气环境、小气候环境、土壤环境、水环境、声环境、植物环境、动物环境的改善。这就要求中国各地在温室气体排放、废水与废渣排放、噪声控制、绿地与公园建设、森林建设等方面做出实际努力。

3. 生态系统的改善与进步

主要是指人口与自然因素间的协调平衡的维护与改善。包括人口数量与密度的控制,人均生态足迹的合理控制,草地、林地、耕地、生物多样性的平衡维系。

(三)四个安全

总体而言,就是实现最终的生态安全,包括粮食(食品)安全、资源(水源)安全、能源安全、环境安全,这就要求建立起有效的安全预警与安全保障体系。

1. 实现粮食(食品)安全

一方面要保障中国现有人口的粮食或食品供应,使人均占有量维持在人类身体需要的合理数量上。另一方面则是要保障粮食或食品的质量,不断提高其无害化程度,保证其促进人类健康。

2. 实现资源(水源)安全

一是保障中国发展所需要资源尤其是水源数量;二是保障资源或水源的质量,维护人口、社会与经济发展的健康水平;三是使资源保持一种合理的、动态的类型结构,不会因某种资源的稀缺给当前或未来发展造成重大损害。

3. 实现能源安全

一是保障中国发展所需要的日均能源供应数量；二是保障能源的质量，提高其利用效率；三是使中国能源保持合理的动态结构和储备量，不会因某种能源的稀缺给发展造成重大损害；四是积极开发可循环可再生的风能、太阳能、地热能、潮汐能、生物能、水能等生态能源。

4. 实现环境安全

从保守意义上说主要是降低环境风险与自然灾害或损害，从更进一步的意义上说则是预防环境风险与自然灾害。

战略重点如图 9－1 所示。

四个转型	三个改善	四个安全
风险科技→生态科技	自然资源改善	粮食（食品安全）
物质经济→生态经济	自然环境改善	资源（水源安全）
物质社会→生态社会	生态系统改善	能源安全
工业政治→生态政治		环境安全

图 9－1 中国生态现代化战略重点

二、战略路径：以区域内整合区域间合作为基础，加快区域生态现代化

这里所说的区域指两个层面，一是地理空间区域，二是专门功能区域。因此，区域内外的整合、合作就包括空间范围上的整合与合作，也包括专门功能间的整合与合作；两个层面交织进行。

（一）通过空间区域整合与合作，从沿海区域与内陆中心区域逐层向外辐射，加快中国区域生态现代化

首先，加快自然、区位、环境、经济等优势显著的沿海重点城市、内陆重点城市的内部整合与生态现代化进程。提高这些城市在产

业、社会、管理等方面的非物化、生态化、绿色化水平,促进这些城市率先实现经济增长与环境退化脱钩。

其次,以上述重点城市为核心,在其各自所辖区域形成生态现代化水平较高的城市群。这样的城市群目前最有可能出现于沿海的长三角、珠三角、闽三角、辽东半岛、山东半岛地区,以及内陆的武汉、西安、成都、郑州等都市圈。因为这些地区或都市圈在经济、科研、区位等方面都具有相对优势。

再次,加快重点城市群间的整合,通过建立多种形式的城市群合作框架,把沿海重点城市群以及内陆重点城市群有效连接成一体,推进区域间生态现代化合作进程。

最后,加快重点城市群对其他地域以及农村的辐射,推进重点城市群与其他城市地区以及城市与乡村生态现代化的有效对接,实现区域内、区域间平衡协调。

(二)通过功能区域整合与合作,加快区域生态现代化

这里所说的功能区域,主要包括科技、经济、社会、政治、生态 5 种功能区域。这 5 种功能区域的整合与合作可以跨越地理空间,多重交织进行。

1. 科技功能的整合与合作

以国家重点高校以及中国科学院、中国社科院等各类科研院所为主要平台,实现有益于生态的科学研究、技术开发、产业转化等资源与能力的整合、合作,使生态科技能够向全国各功能领域辐射。

2. 经济功能的整合与合作

跨越各城市或城市圈范围,以海洋经济、石油经济、煤碳经济、钢铁经济、化工经济、纺织经济、农业经济、IT 经济、环保经济和先进制造业为主导,借助生态科技,形成多条生态经济产业链、产业区,并加强各产业链、产业区间的协作整合。

3. 社会功能的整合与合作

培育生态和谐、昂扬进取、特色浓郁的大中国文化圈，加强文化圈内的社会联系、流动与交流，通过社会层面的环境教育、环保活动、生态社区或生态社会建设为中国生态现代化提供内在动力。

4. 政治功能的整合与合作

主要是指各级政府在管理方面的区域内或跨区域合作，这种整合或合作要求根据管辖区的特征与需要建立政府间合作框架，从管理体制上保障生态现代化实践。

5. 生态功能的整合与合作

主要是各地方根据所处自然区域及其主要特征，恢复、改善、形成相应的山地、水体、土地、森林、灌丛、草地、农作物和小型动物等次生态系统，并进一步在不同区域的次生态系统间形成相互联结、相互作用的高一级生态系统，以此恢复、维系或改进中国各区域间生态的自然平衡。

战略路径图如图 9－2 所示：

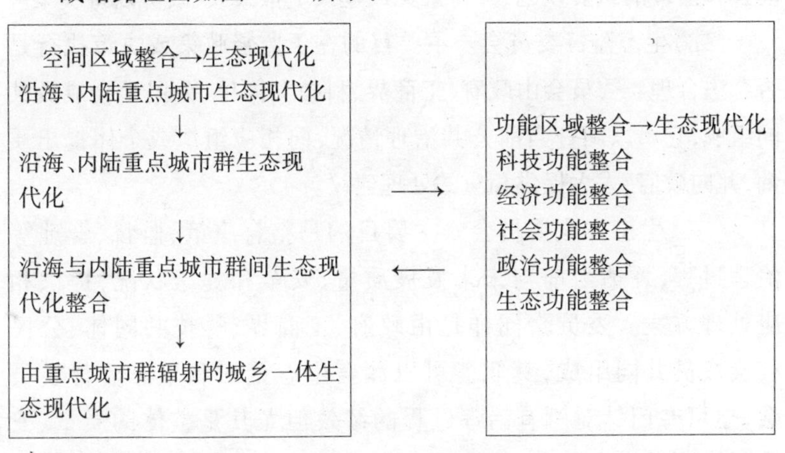

图 9－2　中国生态现代化战略路径图

三、主体组织：建设环境友好型政府，实施环境友好的公共治理

有关环境友好型政府的主要内容，笔者已在前文做过专门阐

述。在此,试图就环境友好型政府在生态现代化战略框架下的运行机制作初步设计。总体来说,就是要求政府、工商界、科技共同体、公民社会结成关爱自然的伙伴关系,在政府引导下共同推进环境友好的公共治理。

在大自然面前或者说现时生存与未来发展情境下,4 类团体应当一律平等相待。对城市政府而言,它需要把工商界、科技共同体、公民社会团体作为自己的合作伙伴;在合作关系、平等相待的基础上,政府的引导作用才能得到有效发挥,所谓的与自然环境、社会环境的友好意义才能得以体现。对此,相关的机制设计有以下 3 种:

(一)生态合作论坛或生态合作框架。主要目的在于为政策制定、民主决策提供基础。论坛或框架将由政府、工商界、科技共同体、公民社会共同组成,数量可多可少。它将公开讨论甚或辩论当前公共治理的重要议题,并将意见或建议呈报人大、政协以备决策。

(二)生态监督委员会。主要目的在于监督政策或决策执行是否合法合理。委员会由政府、工商界、科技共同体、公民社会成员共同组成,它可以调查当前公共治理情况,向相应组织或个体提出质询,并向政府、人大提供相应的处理建议。

(三)生态安全委员会。主要目的是整合决策、监督、管理等治理过程,评估当前与未来发展质量、安全和健康状况,提供相应处理方案。委员会同样是由政府、工商界、科技共同体、公民社会成员共同组成,其职能可以涵盖生态论坛和生态监督委员会,也可专门针对所有治理过程的绩效但尤其是整体的质量、安全、健康等问题。

以上内容即为笔者对中国生态现代化战略的简明理解,其范围主要限于中国国内区域。但值得注意的是,由于中国与世界的相互依赖性在不断增强,中国环境(与发展)事务与全球环境(与发展)事务间的相互影响或互动在不断加深，中国生态现代化战略及水平的推进或提升不可能离开全球环境（与发展）资源的支撑。尤其是在当前国际或全球竞争较为激烈的情形下，中国生态现代化战略在设计或推进过程中还必须具有更为广泛的国际或全球视野，以期通过国际行动加强自己的生态竞争与生态保障能力。

小　结

通过对生态现代化关于中国特殊语境适应性的初步考察，可以认为，生态现代化的相应理念、要求与原则应当能够适用于中国的建设与发展进程。在此基础上，我们就可进一步思考推进中国生态现代化的具体战略问题。当然，这种战略仍主要基于笔者个人理解，其设计也首先限于国内范围。其科学方案或详细内容仍有待学界、政界、实务界进一步研究。

第十章
中国可持续发展外交:国际生态竞争力建构

有关可持续发展议题的外交从学术范畴上说属于环境外交领域。因此,本章在论述中国可持续发展外交时将首先阐明中国在国际环境外交上所坚持的基本原则,然后分析中国国际环境外交面临的挑战,最后再针对中国可持续发展尤其是生态现代化战略问题进行适当的外交策略建构。

第一节　中国环境外交原则

国际环境外交的基本原则主要来源于国际关系行为体在历次联合国环境大会以及各类专门性的国际环境问题谈判所达成的共同宣言、国际条约、计划方案等等。中国自 1972 年参加联合国人类环境大会开始,环境外交就得以起步和发展。尤其是 1992 年联合国环境与发展大会以来,中国坚定不移地贯彻了一系列国际环境外交原则,并取得了相应的积极成果。这些原则主要包括以下几个方面:①

一、国家环境主权原则

国家环境主权原则主要是说,国家对其管辖区域内的环境问题

---

① 有关国际环境外交的详细内容,可参见丁金光:《国际环境外交》,中国社会科学出版社 2007 年版,第 43 ~ 48 页;黄全胜:《环境外交综论》,中国环境科学出版社 2008 年版。

或事务享有独立自主的处理权力,不受他国强力或其他形势的干涉。这一原则可以看做是传统的国家主权原则在国际或全球环境事务领域的延伸。

该原则在1972、1992年的联合国环境大会宣言中都有所规定。1972年《联合国人类环境宣言》明确指出:"根据《联合国宪章》和国际法原则,各国拥有按照自己的环境政策开发本国资源的主权;并负有确保在其管辖或控制下的活动不致损害其他国家的或在国家管辖范围以外地区的环境的责任。"①1992年《里约环境与发展宣言》则再次重申该原则,并将其中"按照自己的环境政策"改为"按照其本国的环境与发展政策"②。

二、共同但有区别的责任原则

共同但有区别的责任原则主要是说,发展中国家与发达国家虽然都对国际或全球环境治理事务负有义务,但这种义务却应因发展中国家与发达国家发展程度、发展历史不同而有所差别。发达国家因其先行工业化过程而负有较大责任,并应在技术、资金等方面援助发展中国家,增强其环境治理与抵御环境风险的能力。

1992年《里约环境与发展宣言》指出:"发展中国家、特别是最不发达国家和在环境方面最易受伤害的发展中国家的特殊情况和需要应受到优先考虑。环境与发展领域的国际行动也应当着眼于所有国家的利益和需要。""鉴于导致全球环境退化的各种不同因素,各国负有共同的但是又有差别的责任。发达国家承认,鉴于他们的社会给全球环境带来的压力,以及他们所掌握的技术和财力资源,他们在追求可持续发展的国际努力中负有

---

① UNCHE, *Declaration of the United Nations Conference on the Human Environment*, principle 21.

② UNCED, *Rio Declaration on Environment and Development*, principle 2.

责任。”①

该原则在《联合国气候变化框架公约》及其历次谈判、其他国际环境条约中都有所体现。

三、发展优先原则

发展优先原则主要是说,应把环境问题放在人类社会发展的框架之内考虑,在发展的过程中或通过科技、经济与社会发展的方法解决环境问题。

1972 年《联合国人类环境宣言》提出:“为了保证人类有一个良好的生活和工作环境,为了在地球上创造那些对改善生活质量所必要的条件,经济和社会发展是非常必要的。”“由于不发达和自然灾害的原因而导致环境破坏,造成了严重的问题。克服这些问题的最好办法,是移用大量的财政和技术援助,以支持发展中国家本国的努力,并且提供可能需要的及时援助,以加速发展工作。”②1992 年《里约环境与发展宣言》又提出:“为了公平地满足今世后代在发展与环境方面的需要,求取发展的权利必须实现。”“为了实现可持续的发展,环境保护工作应是发展进程的一个整体组成部分,不能脱离这一进程来考虑。”③

特别是对于中国这样一个以经济建设为中心并处于全球化竞争中的发展中国家来说,发展原则显得非常重要。

四、国际环境损害责任原则

国际环境损害责任原则主要是说,一个国家在其环境污染后果

① UNCED, *Rio Declaration on Environment and Development*, principle 6 ~ 7.

② UNCHE, *Declaration of the United Nations Conference on the Human Environment*, principle 8 ~ 9.

③ UNCED, *Rio Declaration on Environment and Development*, principle 3 ~ 4.

跨越本国管辖范围而造成有关国家或非国家管辖区域的环境损害时必须承担赔偿责任。

1972年《联合国人类环境宣言》提出："各国应进行合作，以进一步发展有关他们管辖或控制内的活动对他们管辖以外的环境造成的污染和其他环境损害的受害者承担责任赔偿问题的国际法。"① 1992年《里约环境与发展宣言》又提出："各国应制定关于污染和其他环境损害的责任和赔偿受害者的国家法律。各国还应迅速并且更坚决地进行合作，进一步制定关于在其管辖或控制范围内的活动对在其管辖外的地区造成的环境损害的不利影响的责任和赔偿的国际法律。"②

中国近年来加强了对跨界环境事件方面的责任承负工作，比如2005年松花江水质污染事件，中国政府在积极提供治理措施的同时，向俄罗斯政府及时进行信息通报并表达了歉意。

五、国际环境平等合作原则

主要是说，环境问题的解决需要通过国家内外甚至全球各种力量、各种方式的友好合作，国家应当通过寻求平等的全球伙伴关系推进环境难题治理。

1972年《联合国人类环境宣言》提出："有关保护和改善环境的国际问题应当由所有的国家，不论其大小，在平等的基础上本着合作精神来加以处理，必须通过多边或双边的安排或其他合适途径的合作，在正当地考虑所有国家的主权和利益的情况下，防止、消灭或减少和有效地控制各方面的行动所造成的对环境的有害影响。"③

---

① UNCHE, *Declaration of the United Nations Conference on the Human Environment*, principle 22.

② UNCED, *Rio Declaration on Environment and Development*, principle 13.

③ UNCHE, *Declaration of the United Nations Conference on the Human Environment*, principle 24.

1992年联合国环境与发展大会则试图通过在国家、社会重要部门和人民之间建立新水平的合作来建立一种新的和公平的全球伙伴关系,并提出:"各国应本着全球伙伴精神,为保存、保护和恢复地球生态系统的健康和完整进行合作。"①"为了更好地处理环境退化问题,各国应该合作促进一个支持性和开放的国际经济制度,这个制度将会导致所有国家实现经济成长和可持续的发展。"②

前文所述1990年代以来中国对全球环境事务的积极参与以及聘请国际力量到中国国内进行环境合作,已经明显说明了中国对这一原则的高度重视。

通过在环境外交事务中坚持贯彻以上基本原则,中国试图在更大程度上为未来发展建构起有效的国际生态竞争与生态保障能力。

第二节 中国环境外交面临的挑战

中国环境外交是中国外交事务的重要组成部分,因而具有通常外交事务的基本属性,即需要鲜明地维护或促进国家利益与国家实力。但由于环境问题的全球化复杂联结性质,环境外交又有自己的特殊性。这种特殊性使得中国在坚持既有的环境外交原则或环境外交事务方面面临一系列挑战。

一、人权对主权的挑战

由于全球环境问题关涉整个地球以及这个星球上生活的人类的未来,环境问题的治理与解决进程已经超越了传统的政治界线,具有了更多的人类道德意义;传统主权概念便很难在当今全球环境事务中得以完全或有效坚持。国家主权与全球人权的优先性竞争

---

① UNCED, *Rio Declaration on Environment and Development*, principle 7.

② Ibid., principle 12.

也往往会成为全球环境事务中令人关注的一个重要问题。

对中国而言,如何随着环境事务以及经济问题的全球化进程灵活、正确处理主权与人权关系,已经成为中国参与全球环境事务面临的重大挑战之一。在这里,环境事务不仅涉及能否因消除经济与社会发展的外部性而增加硬实力,更涉及能否因维护或促进全球人权而获得更多的软实力问题。

二、共同体安全诉求对发展权的挑战

环境已经成为影响世界和平、发展的重要变量,成为安全共同体建构必须考虑的重要因素;或者我们可以说,最终的安全是一种环境安全,最终的共同体建构应当是一种环境安全共同体。但正如上篇所述,全球环境安全共同体在实践机制上容易因不同历史境域的差异造成分裂。发达国家对较高的环境标准或严苛的环境政策具有较强的适应力,但发展中国家却因自身环境认知、环境能力以及产业与技术升级的不足而难以承受。因此,发展中国家所主张的发展优先目标容易受到更高环境标准的阻碍。随着全球环境事务的不断扩展与强化,以及全球环境灾害发生频率的不断增加,发展中国家将越来越难抵制共同体安全诉求对其主张的发展权的挑战。

对中国而言,应当逐步明确的是,保护和改善环境以及为此投资,不是不要发展,而是实现更好、更充分有效的发展。中国的紧迫问题在于开发更多的环境产业或环境项目,并为此在国际或全球层面上寻找资金与技术。

三、与发展中国家身份相应的环境义务与环境责任面临挑战

中国的环境义务与环境责任是以发展中国家身份来界定的。但随着中国经济实力的不断增强以及市场化改革的不断推进,尤其是中国对国际资源能源需求与开发的不断增加,要求中国承担更多

环境义务、更大环境责任的声音越来越多。尤其是在全球气候变化问题上,美国等发达国家甚至以中国承担更大减排责任为自身履行减排义务的重要条件。

因此,在未来全球环境事务进程中,中国以发展中国家身份担负相应环境义务与环境责任的难度将越来越大。

四、环境平等合作面临挑战

在当前全球环境事务的合作方面,发达国家在向发展中国家提供环境资金或环境友好技术时往往附带环境事务之外的种种政治或经济条件,这就容易使发展中国家对环境合作的意义产生怀疑或紧张情绪,从而增加了发展中国家改进环境状况、解决环境与发展问题的难度。联合国全球环境治理机制所主张的全球伙伴精神、环境正义或环境公平也就很难得以实现。

就中国特殊语境而言,首先应特别防止发达国家或其他国际关系行为体在提供环境援助时将环境问题与人权和其他社会问题挂钩,从而在一定程度上干涉中国内政,对中国基本社会秩序带来潜在的破坏效应。[①] 另外,过多接受来自国外的环境项目合作,而不加强自身的环境监测能力、治理能力建设,会导致国内某些地区和部门的路径依赖,不利于中国环境事业的长久发展与本国环境安全。

第三节 推进中国可持续发展的环境外交策略

就推进中国可持续发展尤其是生态现代化而言,在坚持既有

---

① 国际环境 NGO 或其他国际组织以环境为名向国内拓展,不仅对中国民间环境组织及其成员,也可能对其他领域其他群体造成影响。在当前中国社会矛盾明显及公共治理机制不足的情况下,西方环境组织及环境运动的蔓延,会通过中国民间环境组织在中国社会领域引发可能非理性的连锁反应。蔺雪春:《全球环境治理机制与中国的参与》,载《国际论坛》2006 年第 2 期,第 39 ~ 43 页。

环境外交原则的基础上,同时也基于有效应对中国环境外交面临挑战的需要,中国可初步从以下几个层面斟酌建构相应的环境外交策略:

一、通过科学层面的国内国际比较,加强生态现代化理论研究与实验推广,形成中国特色生态现代化模式,确定并培育中国担承国际环境义务与环境责任的能力基础

前文已述,生态现代化可以成为中国可持续发展的一种现实路径,但由于生态现代化理论对不同国家或同一国家不同地区的适应性程度可能也有所不同,中国应当组织专家从国内以及国际比较视角对其具体的适用条件进行深入研究,科学界定生态现代化有效作用的基本范围及其影响变量。在理论研究的基础上,可进一步选择重点项目、重点城市或地区进行生态现代化实验,在积累有益的实践经验后逐步推广。通过不断的理论研究与项目实验,或可逐步消除生态现代化对中国语境所暗含的不确定性,为中国提供更为明确、稳妥的行动路线。从而根据中国境域发展具有中国特色的生态现代化模式。当然,也可为发展中国家科学推广生态现代化作出突破性的贡献。

同时,在加强中国生态现代化研究与实验的基础上,科学评估中国承担国际环境义务与环境责任的潜在影响,进一步研究应对这些潜在影响的预先方案。

二、在国际政治层面上积极发起或组织全球环境议程与全球环境项目,在为人类事业贡献力量的同时维护自身主权

全球环境研究项目的主要功能在于从科学层面上消除全球环境事务所面临的不确定性,全球环境议程则旨在从政治层面上为全球环境事务制定政策、规划行动方案。但由于前者能够为后者提供决策信息或行动建议,后者也往往从自身需要出发为前者划定价值视角或研究方向，两者便往往被合搬到同一个政治舞台上。就当前的诸多全球环境研究项目与环境议程而言，它们或主要由欧美发达国家资助、组织，或主要在这些国家展开，参与研究与议题讨论的专家、政治家也主要来自这些国家，其主题便容易受到发达国家利益的影响。这使发达国家具备了某种掌控全球环境事务话语权的可能性。

作为全球环境事务领域的重要国家，中国应该积极发起或组织全球环境议程或全球环境项目。一方面能够通过这些议程与项目借鉴国际上比较先进的环境治理经验，增进自身有效解决环境与发展问题的能力。另一方面可通过它们表达和传播中国对全球环境事务的立场或观点，了解各国相互之间以及国际社会对中国参与全球环境事务的看法，以信息沟通强化国际合作氛围，制约环境领域可能出现的话语霸权，从而拓展中国的环境话语与环境行动空间，为中国塑造一种负责任与建设性的政治形象，也就在某种程度上增强了中国维护自身主权的能力。

三、在国际经济与社会体系层面上积极推进环境友好环境正义，维护自身正当发展权

全球环境事务的进展同世界经济与社会体制紧密相连，中国环境事务的进展则随时都要经受国际经济与社会体制的影响。国际经济与社会体制中不公平或对发展中国家而言极为严苛的环境标准会限制中国的经济与社会发展进程，从而加剧中国经济与社会的脆弱程度，妨碍中国正当发展目标的实现。

对此，中国可基于环境正义或环境公平尺度在国际经济与社会体制中主动提出环境友好主张或环境标准，并积极争取发达国家与发展中国家的共识，形成有国际或全球影响的宣言或协议条约，从而通过影响国际经济与社会体制来提高自身的生态竞争与保障能力，为中国在全球环境事务方面的充分拓展提供一种坚实、广泛的国际经济和社会基础。

小　结

中国近年来在环境外交事务领域坚持了一系列基本原则，但这些原则也随着全球环境事务以及中国自身的变革而不断遭受挑战。对此，中国可以从科学、政治、经济与社会层面相应建构推进中国生态现代化进程的适当环境外交策略，以进一步培育或增强中国的国际生态竞争与生态保障能力。

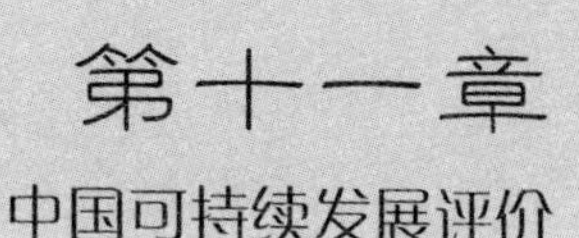

第十一章 中国可持续发展评价

关于可持续发展水平或实践效果的评价问题,联合国、世界银行、经合组织等国际组织以及西方发达国家已经做了大量研究,中国也有研究机构和学者在此方面付出了艰辛努力。在这里,笔者主要是根据他们已经取得的主要成果、生态现代化的基本理念要求以及中国特殊境域,初步阐释自己的见解。

第一节　评价原则

衡量中国可持续发展水平或实践效果的首要问题在于确立评价指标,评价指标的确立则应坚持以下原则:①

一、具有政策价值

评价指标应该反映中国当前生态环境面临的压力状况,能够反映生态环境的动态改善或生态建设、生态管理情况;它应当具有特定的应用边界或范畴,概念简明且易于表达和理解,能够为人们提供一种比较的基础。

二、便于考察测量

评价数据可以获得或者能够以合理成本获得,数据应当有充分

① OECD, *OECD Environmental Outlook* (Paris,2001).

的文件记录支持自己的真实性，能够定期更新，从而具有可靠的质量保障。

三、便于分析研究

评价指标应当具有较好的科技理论基础，在特定的学科理论或方法论上具有合理性、科学性，有通识规划标准与合法的国际共识，能够与当前主流的生态模型、经济模型、预测和信息系统、社会进步密切关联。

第二节　评价指标体系及指数模型

一、评价指标体系

不论可持续发展还是其进一步发展的替代形式——生态现代化，都表现出了复杂的系统特性，有关中国可持续发展水平的测量指标设计就应从系统观的角度进行。那么，评价因子应当包括生态环境因素，更应当包括人类活动因素。评价向度既包括当前需要，也包括未来取向；既要有国内基础，也要有国际或全球考量。就人类活动而言，它主要包括经济、社会、政治、科技四个方面，生态环境则主要包括生态改善、生态安全两个方面，其中，科技是人与生态间相互作用的主要手段。同时，也基于对国家在生态建设规划、生态省市（县）创建、城市环境综合整治定量考核、环保创模、尤其是中国现代化战略研究课题组、中国科学院中国现代化研究中心生态现代化评价等方面指标设定的参照，笔者将中国可持续发展水平的评价因子从分系统角度概括为以下 7 大类：生态科技、生态经济、生态社会、生态政治、生态改善、生态安全、国际生态竞争与保障。这七大系统指标又进一步细分成四十四个具体指标。具体评价体系如表

10－1所示。①

表10－1 中国可持续发展评价指标体系

指标分类	序号	指标名称	单位	计算公式	指标性质	数据来源
生态科技	1	环保科研机构比例	%	环保科研单位数（家）÷科研单位总数（家）	正指标	环保部、科技部、统计局统计公报
	2	科研机构环境评价比例	%	参与环评科研单位数（家）÷科研单位总数（家）	正指标	环保部、科技部、统计局统计公报
	3	环保工程机构比例	%	环保工程单位数（家）÷工程单位总数（家）	正指标	环保部、统计局、建设部统计公报
	4	工程机构环境评价比例	%	参与环评科研单位数（家）÷科研单位总数（家）	正指标	环保部、统计局、建设部统计公报
	5	环保专利比例	%	年度环保专利数（件）÷年度专利总数（件）	正指标	科技部、统计局统计公报
生态经济	6	工业与污染脱钩	千克/万元	工业废水BOD（千克）÷工业增加值（万美元） 评价方法与原则参照生态现代化评价的相应方法和原则	逆指标	环保部、统计局、工信部统计公报

① 此处指标设计仍是一种初步的思考框架，意在为学界研究或相关实践起到一种启发或补充作用。关于指标间的相关系数、指标效度等问题，还有待进一步的深入研究。有关其数学建模与论证方面以及实践考量方面的探讨，可参见魏一鸣、傅小峰、陈长杰：《中国可持续发展管理理论与实践》；国家环保总局：《"十一五"城市环境综合整治定量考核指标实施细则》，2006；中国现代化战略研究课题组、中国科学院中国现代化研究中心：《中国现代化报告2007——生态现代化研究》。

（续表）

指标分类	序号	指标名称	单位	计算公式	指标性质	数据来源
生态经济	7	工业能源密度	千克油/元	工业能源消费（千克油）÷工业增加值（美元） 评价方法与原则参照生态现代化评价的相应方法和原则	逆指标	环保部、统计局、工信部统计公报
	8	物质经济比例	%	工农业增加值（万元）÷ GDP（万元） 评价方法与原则参照生态现代化评价的相应方法和原则	逆指标	环保部、统计局、工信部统计公报
	9	有机农业比例	%	有机农业用地（亩）÷农业总用地（亩）	正指标	环保部、农业部、统计局统计公报
	10	循环经济比例	%	认定的循环经济型企业数（家）÷ 企业总数（家）	正指标	环保部、工信部、统计局统计公报
	11	环境贷款比例	%	支持环境建设的年度贷款额（万元）÷ 年度贷款总额（万元）	正指标	人民银行、银监会、统计局统计公报
	12	环境保险比例	%	用于环境建设保护的年度投保额（万元）÷年度投保总额（万元）	正指标	保监会、统计局统计公报
	13	环境标准认证比例	%	通过环境标准认证的企业数（家）÷ 企业总数（家）	正指标	环保部、工信部、统计局统计公报
	14	绿色生态旅游	%	环境达标旅游区数量（个）÷旅游区总数（个）	正指标	旅游局、统计局统计公报

（续表）

指标分类	序号	指标名称	单位	计算公式	指标性质	数据来源
生态社会	15	绿色社区比例	%	绿色社区数(个)÷社区总数(个) 绿色社区指国家和省认定的绿色社区。	正指标	民政部、统计局统计公报
	16	绿色学校比例	%	绿色学校数(个)÷学校总数(个) 绿色学校指国家和省认定的绿色学校。	正指标	民政部、统计局、教育部统计公报
	17	交通清洁率	%	机动车环保检测车辆数(部)÷机动车注册登记车辆总数(部)	正指标	交通部、环保部、公安部统计公报
	18	清洁能源使用率	%	清洁能源使用量(吨标煤)÷终端能源使用总量(吨标煤) 评价方法与原则参照全国"城考"的相应方法和原则	正指标	统计局、环保部、能源供应部门统计公报
	19	绿色标志商品率	%	绿色标志商品注册数(件)÷商品注册总数(件)	正指标	环保部、工商局统计公报
	20	城市化水平	%	城镇人口(人)÷总人口(人)	正指标	发改委、建设部统计公报
	21	长寿人口比例	%	65岁及以上人口数(人)÷总人口数	正指标	民政局、统计局统计公报
生态政治	22	政府机构环境评价比例	%	参与环评政府机构数(家)÷政府机构总数(家)	正指标	环保部、政府办公厅统计公报

（续表）

指标分类	序号	指标名称	单位	计算公式	指标性质	数据来源
生态政治	23	生态论坛比例	%	政府主办有政府以外人士参加的生态讨论会次数(次)÷政府主办的讨论会总次数(次)	正指标	环保部、政府办公厅、民政部统计公报
	24	青年参与环境决策率	%	参加国家环境立法听证的青年人数(人)÷参加环境立法听证的总人数	正指标	全国人大统计资料
	25	公众对环境保护的满意率	%	等同全国“城考”公众对环保满意率的相应数据	正指标	全国“城考”报告、环境统计公报
生态改善	26	空气质量达标率%(全年每日空气污染指数API≤100的天数占全年天数比例)	%	城市API≤100的天数(天)÷全年天数(天)	正指标	环境监测部门监测数据
	27	城市水环境功能区水质达标率	%	认证断面达标频次之和(次)÷认证断面监测总频次(次) 评价方法与原则参照全国“城考”的相应方法和原则	正指标	环境监测部门监测数据
	28	城市噪声达标区覆盖率	%	城市噪声达标区面积(平方公里)÷城市建成区面积(平方公里) 噪声达标率评价方法与原则参照全国“城考”的相应方法和原则	正指标	环境监测部门监测数据

(续表)

指标分类	序号	指标名称	单位	计算公式	指标性质	数据来源
生态改善	29	工业固体废物处置利用率	%	城市当年处置利用的工业固体废物总量(万吨)÷城市当年产生的工业固体废物总量(万吨) 评价方法与原则参照全国"城考"的相应方法和原则	正指标	环保部、工信部统计公报
	30	重点工业企业排放稳定达标率	%	重点工业企业稳定达标排放的工业废水、工业烟尘、工业粉尘、工业二氧化硫量之和(吨)÷重点工业企业排放的工业废水、工业烟尘、工业粉尘、工业二氧化硫总量(吨) 评价方法与原则参照全国"城考"的相应方法和原则	正指标	环保部、工信部统计公报
	31	危险废物处置率	%	城市医疗危险废物和工业危险废物处置量(吨)÷城市医疗危险废物和工业危险废物产生总量(吨) 评价方法与原则参照全国"城考"的相应方法和原则	正指标	卫生部、环保部、工信部统计公报
	32	生活污水集中处理率	%	城市污水处理厂处理污水量(万吨)÷城市污水排放总量(万吨) 评价方法与原则参照全国"城考"的相应方法和原则	正指标	环保部统计公报

（续表）

指标分类	序号	指标名称	单位	计算公式	指标性质	数据来源
生态改善	33	生活垃圾无害化处理率	%	城市生活垃圾无害化处理量（万吨）÷城市生活垃圾产生总量（万吨） 评价方法与原则参照全国“城考”的相应方法和原则	正指标	环保部、市政部门统计公报
	34	退化土地恢复率	%	退化土地恢复面积（亩）÷退化土地总面积（亩）	正指标	环保部、农林部门、国土部统计公报
生态安全	35	粮食（食品）安全率	%	抽检合格食品种类（种）÷当年抽检食品总种类（种）	正指标	卫生部、工商部门统计公报
	36	资源（水源）安全率	%	各饮用水源地取水水质达标量之和（万吨）÷各饮用水源地取水量之和（万吨） 评价方法与原则参照全国“城考”的相应方法和原则	正指标	环境监测部门监测数据
	37	能源安全率	%	可再生能源量（吨标煤）÷当年能源产生总量（吨标煤）	正指标	统计局、能源部门统计公报
	38	环境安全率	%	年度未受自然灾害人口（人）÷年末总人口（人）	正指标	环保部、民政部统计公报

(续表)

指标分类	序号	指标名称	单位	计算公式	指标性质	数据来源
国际生态竞争与保障	39	中国组织的国际环境合作项目比例	%	中国组织的国际环境合作项目数(个)÷中国组织的国际合作项目总数(个)	正指标	环保部、统计局、发改委统计资料
	40	政府环保投入占GDP比例	%	年度环保资金投入(万元)÷当年GDP总量(万元)	正指标	环保部、工信部、统计局统计公报
	41	环保产业产值占GDP比例	%	年度环保产业产值(万元)÷当年GDP总量(万元)	正指标	发改委、工信部、环保部统计资料
	42	生物多样性损失率	%	受威胁高等动植物种类数量(种)÷高等动植物种类总量(种)	逆指标	环保部、农林部门统计公报
	43	国家自然保护区比例	%	国家自然保护区面积(平方公里)÷国土面积(平方公里)	正指标	环保部、农林部门统计公报
	44	森林覆盖率	%	森林覆盖面积(平方公里)÷国土总面积(平方公里)	正指标	环保部、农林部门统计公报

二、指数模型

根据中国现代化战略研究课题组、中国科学院中国现代化研究中心所研究的生态现代化评价模型,可以相应得出中国可持续发展水平的指数模型;依据该模型,应该可以计算相应的中国可持续发展指数。① 中国可持续发展展指数模型如图 10－1 所示：

$$ECI = (ETI \times EEI \times EGI \times EPI \times EII \times ESI \times EDI)^{1/7}$$

$T_i = 100 \times i$ 实际值 （正指标，$0 \leqslant T_i \leqslant 100$）

$E_j = 100 \times j$ 实际值 （正指标，$0 \leqslant E_j \leqslant 100$）

$E_j = 100 \times j$ 基准值 $\div j$ 实际值 （逆指标，$0 \leqslant E_j \leqslant 100$）

$G_k = 100 \times k$ 实际值 （正指标，$0 \leqslant G_k \leqslant 100$）

$P_u = 100 \times u$ 实际值 （正指标，$0 \leqslant P_u \leqslant 100$）

$I_v = 100 \times v$ 实际值 （正指标，$0 \leqslant I_v \leqslant 100$）

$S_w = 100 \times w$ 实际值 （正指标，$0 \leqslant S_w \leqslant 100$）

$D_x = 100 \times v$ 实际值 （正指标，$0 \leqslant D_x \leqslant 100$）

$D_x = 100 \times v$ 基准值 $\div v$ 实际值 （逆指标，$0 \leqslant D_x \leqslant 100$）

$ETI = (\sum T_i)/N_T \quad (i = 1, 2, 3, \cdots\cdots N_T)$

$EEI = (\sum E_j)/N_E \quad (j = 1, 2, 3, \cdots\cdots N_E)$

$EGI = (\sum G_k)/N_G \quad (k = 1, 2, 3, \cdots\cdots N_G)$

$EPI = (\sum P_u)/N_P \quad (u = 1, 2, 3, \cdots\cdots N_P)$

$EII = (\sum I_v)/N_I \quad (v = 1, 2, 3, \cdots\cdots N_I)$

$ESI = (\sum S_w)/N_S \quad (w = 1, 2, 3, \cdots\cdots N_S)$

$EDI = (\sum D_x)/N_D \quad (x = 1, 2, 3, \cdots\cdots N_D)$

图 10－1　中国可持续发展指数模型

---

① 此处的中国可持续发展指数模型以生态现代化指数模型为基础，但笔者做了相应调整和处理。同时需要说明的是，此处的指数概念也主要定位于广义指数，包括比较相对数、强度相对数、结构相对数等等。从狭义指数概念尤其是动态相对数的探讨还有待进一步的深入研究，此处只能是初步的研究或设计成果。中国现代化战略研究课题组、中国科学院中国现代化研究中心：《中国现代化报告 2007——生态现代化研究》，第 314 页。

其中,ECI 为城市生态文明指数,ETI 为生态科技指数,EEI 为生态经济指数,EGI 为生态社会指数,EPI 为生态政治指数,EII 为生态改善指数,ESI 为生态安全指数。

T_i 为生态科技第 i 项指标的指数,i 为生态科技评价指标编号,N_T 为参加评价的生态科技指标的总个数,T_i 取值范围大于或等于 0,小于或等于 100,$i_{实际值}$ 为 i 号指标的实际值。

E_j 为生态经济第 j 项指标的指数,j 为生态经济评价指标编号,N_E 为参加评价的生态经济指标的总个数,E_j 取值范围大于或等于 0,小于或等于 100,$j_{实际值}$ 为 j 号指标的实际值,$j_{基准值}$ 的具体数值为可获得的 2002 年生态现代化的世界先进水平按当年人民币汇率均价换算后的数值(高收入国家该项指标平均值按 2002 年平均 1 美元兑换 8.277 元人民币的换算值),在这里,$6_{基准值}$ 原为 5.9,换算后为 0.71;$7_{基准值}$ 为 0.19,换算后为 0.02;$8_{基准值}$ 为 28(因为比例值,无需换算)。

G_k 为生态社会第 K 项指标的指数,K 为生态社会评价指标编号,N_G 为参加评价的生态社会指标的总个数,G_k 取值范围大于或等于 0,小于或等于 100,$k_{实际值}$ 为 k 号指标的实际值。

P_u 为生态政治第 U 项指标的指数,U 为生态政治评价指标编号,N_P 为参加评价的生态政治指标的总个数,P_u 取值范围大于或等于 0,小于或等于 100,$u_{实际值}$ 为 u 号指标的实际值。

I_v 为生态改善第 V 项指标的指数,V 为生态改善评价指标编号,N_I 为参加评价的生态改善指标的总个数,I_v 取值范围大于或等于 0,小于或等于 100,$v_{实际值}$ 为 v 号指标的实际值,$v_{基准值}$ 的具体数值为当年生态现代化的世界先进水平(高收入国家该项指标的平均值)。

S_w 为生态安全第 w 项指标的指数,w 为生态安全评价指标编号,N_S 为参加评价的生态安全指标的总个数,S_w 取值范围大于或等于0,小于或等于100,$W_{实际值}$为w号指标的实际值。

D_x为国际生态竞争与保障第x项指标的指数,x为国际生态竞争与保障评价指标编号,N_D为参加评价的国际生态竞争与保障指标的总个数,D_x取值范围大于或等于0,小于或等于100,$X_{实际值}$为x号指标的实际值,$42_{基准值}$为9(因为比例值,无需换算)。

小 结

中国可持续发展评价是一项动态的系统工程,难度较大。笔者试图参照已有的相关规划指标和生态现代化评价方法,为中国可持续发展实践提供一种评价指标体系和指数计算模型。但由于笔者能力所限,这些评价指标和指数模型的科学性、实用性还有待应用过程以及学界同仁的逐步完善和进一步检验。

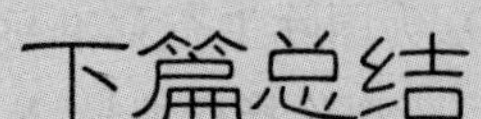

下篇总结

20世60年代以来的全球环境事务已经对中国产生影响,认知并理解这种影响对于中国的可持续发展而言具有重要意义。中国可以从对全球环境事务的积极参与中寻求适应中国境域的有益智慧与经验。

一、从全球环境事务中发现一种生态理性或生态主义范式

从最初对资本主义和社会主义在环境问题方面制度优劣的考量,到逐步承认自身发展过程中所存在的污染问题,又到深切关注自身环境问题的严重性与全球环境事务的关联性,并最终从国内与国际或全球层面上采取有效行动,这一系列过程说明,中国对全球环境事务的认知在逐步深入,这种认知反过来又在不断地影响中国的思考与行动方式。

中国已经愈发清醒地认识到,只有环境可持续的发展才是真正的可持续发展,只有把发展问题与环境问题联结起来,或者说,应当在评价发展水平时给以环境考量,才能真正认清我们的发展质量,而非单纯意义上的增长数量。环境尺度在中国国内发展规划当中的应用,及其在中国国际或全球战略中重要性的逐渐明晰,将促使中国进一步向着一种生态理性或生态主义的思考与行动范式迈进。中国共产党第十六次代表大会以来生态文明建设目标的提出与实施,以及中国国内政界、学界对生态文明议题的热议,也许能够在一定程度上说明这一倾向。

二、生态理性或生态主义范式将为中国可持续发展带来新变化

与以往的经济理性或人类中心主义范式不同，生态理性或生态主义范式将更多地从人类与自然平等或至少是平衡的角度，考虑人类及其社会形态所面临的环境与发展问题。因此，我们可以期望，生态理性或生态主义在政府公共部门的贯彻，将为中国可持续发展带来新的变化。

在中国的可持续发展目标定位上，基于生态理性或生态主义的考虑，我们可以发现全球环境事务中——从权力向权威、从不确定到确定、从环境排斥到环境友好的转变进程对中国境域的重要性，中国的可持续发展目标即可相应定位于凝聚权威、增强确定性、促进环境友好三个方面，以推进政治可持续性、科技去风险化、环境价值的经济化与社会化。

在有关中国可持续发展的组织管理上，基于生态理性或生态主义的考虑，我们可以发现联合国全球环境治理机制在机构、原则、程序方面关注环境价值、改革与加强环境措施的重要性，中国则要加快公共部门管理的环境友好进程，建设环境友好型政府，大力实施绿色新政。

在中国的可持续发展途径上，基于生态理性或生态主义的考虑，我们可以发现全球环境话语中——从生存主义向可持续发展再到生态现代化演进的重要性，中国可以考虑把生态现代化作为中国可持续发展的现实路径，研究适合中国的生态现代化实施战略。

在中国的可持续发展外交上，基于生态理性或生态主义的考虑，我们可以在总结既有环境外交原则以及中国面临挑战的基础上，通过采取适当的环境外交策略来增强中国的国际生态竞争力与生态保障能力。

在中国的可持续发展评价上,则可主要基于生态现代化的基本要求和原则来设计中国可持续发展评价的指标体系和指数模型。当然,该指标体系和指数模型是动态开放的,可以根据学界与实践要求不断改进修正。

结 论

纵观1960年代以来的全球环境事务进展,如果不考虑环境物质的全球化,全球环境事务则主要包括环境意识的全球化与环境治理的全球化两大进程,全球环境话语与联合国全球环境治理机制则可被相应看成环境意识全球化与环境治理全球化的主要结果体现。进一步观察又可认为,全球环境事务因全球环境话语与联合国全球环境治理机制的相互建构、协同演进而演进。

对于1970年代以来日益受全球环境事务影响的中国而言,其可持续发展则应基于全球环境事务演变机理来考虑,并从中寻求有益借鉴。从全球环境事务的持续演变与积极参与中,我们可以看到一种生态理性或生态主义的思维与行动范式正在形成或已经形成。对人类体系的发展模式而言,它将驱动全球人类朝绿色发展的道路努力迈进。对人类体系的组织架构而言,它将驱动全球人类朝生态民主的制度努力奋斗。也许,只有站在绿色发展与生态民主的基础上,我们才能真正迎来生态文明的曙光。

第一节　绿色发展:人类发展的生态转向

一、绿色发展是什么,不是什么

全球环境事务的目的,绝不止于环境本身。环境激进主义者"回到更新世"的说法并不一定可取,因为人类无法回到也不是全都愿意回到原始状态,环境自身的状态变化是不是一种完全可逆的过程尚未得到科学证明,也就是说,最初的环境并不一定非常适合人类生存。[1] 全球环境话语体系和治理机制的演进也许能够在某种程度上说明这一点。

相反,人类可能要把自己未来的希望寄托于真正发展而非单纯增长的基础上。这种发展当然是以环境改善或环境得到真正保护为前提,因此,环境将被涵纳到发展进程之内而不是仅放在某种科学研究或政治讨论当中。甚至进一步说,人类从大自然当中所体悟到的也许远不止于保护客观环境本身的重要性。大自然所给予我们的一种协调平衡的思维智慧上的启发,才是我们要深刻铭记的真谛。

因此,绿色发展至少要从3个层面上加以理解。首先,它是保护或起码无害于环境的发展。其次,它是改善环境基础或有益于环境的发展。这两个层面也是全球环境话语体系以及联合国全球环境治理机制几十年来所要努力证明的东西。最后,从思维的深意上,绿色发展还应指按照人类从大自然中所体悟到的协调平衡的真谛进行的发展。这一层面可能更多的具有一种理想色彩,但它对遭受更多现实危机所害因而急需重新定向的人类与自然而言都至关重要。

在现实世界中,我们可能已经听到或看到了许多"绿色发展"的字眼,但我们在很多时候并未真正感觉到绿色发展的事实与深意。或者说,某些方面的"绿色发展"总是被更多意外的污染与极端行为所覆盖。在这里,我们可能需要进一步明确绿色发展的边界问题。

我们需要知道,绿色发展不是一种政治宣传,不是企业家推销商品的广告,不是几次环境监察风暴就可实现的管理业绩,不是只

---

① John S. Dryzek, *The Politics of the Earth: Environmental Discourses*, P. 183.

靠改造几条生产线就可得到的产能升级,不是只靠几次环保教育就能进行的科普活动……总之,它不是只顾眼前不顾未来、只顾某一事物自身不顾其他的慢性自杀式发展。同90年前美国管理学先驱弗雷德里克·泰罗(Frederick Winslow Taylor)所说的"科学管理"一样,它是一次精神和思想的革命。①

二、发达国家与发展中国家、富人与穷人:谁需要绿色发展

有说法称,发达国家的环境问题是因为其发展过度,发展中国家的环境问题是因为其发展不足。或有云,环境是富人的奢侈品,是穷人的桎梏。那么,发达国家与发展中国家(或者我们通常所说的北方与南方),富人与穷人,到底谁还需要绿色发展?

诚如笔者一再说明的那样,全球环境问题不是某个国家或某一类人的事务,它需要不同边界内外、不同行为体角色的联结合作才能解决。进一步说,建立于环境事务基础上的发展事业自然涵盖了不同边界、不同行为体的事务范畴。在这些不同的事务范畴或历史境域内,绿色发展也许面临不同的方式和重点。

对发达国家来说,通过绿色发展进一步保护和改善已得到的环境建设成就,提高生活与发展质量,以及相应建立更严格的环境政策或环境标准也许更加重要。但这些成就以及政策标准的维护与实现可能还要同时依赖发展中国家环境事务的同步进展。在发展中国家尚缺乏基本的环境资金与技术的情形下,发达国家采取必要的援助措施也就成为促进其自身绿色发展的应有之义。

对发展中国家来说,走传统的污染式增长道路难以为继,保护环境是当前之急,用传统的发展权来掩盖环境事务的落后绝不是明

---

① Frederick Winslow Taylor, *The Principles of Scientific Management*, in Jay M. Shafritz and J. Steven Ott (eds.), *Classics of Orignization Theory*, 5th edition, reprinted edition (peking: China Renmin University Press, 2004), P. 61 ~ 72.

智之举。承认自身环境方面的缺陷,加强环境保护行动,积极向绿色发展道路转型才是最终出路。但由于自身所面临的国内与国际的种种制约,在加强国内努力的同时,在平等合作的基础上要求国际资金与技术援助也属有益于自身和全球进步的正义之举。

对富人来说,享受环境、提高和改善生活质量是他们重点考虑的内容。但富人的生活环境与生活质量需要建立于社会分工和社会分层的基础上,没有穷人的分工与分层支撑,富人的小岛将失去保障。因此,富人也必然要参与到绿色发展事务中来,在享受和改善自身所处环境与生活质量目标的驱动下最终有益于改善穷人的生活环境。当然,要想让环境成为亚当·斯密所说的"看不见的手"可能仍需努力。

对穷人来说,通过掠夺环境来改善自身生活并非好事,除非他们能够彻底远离遭受破坏的环境。只有在寻求能够保护家园环境的技术与资金的基础上,走绿色发展道路才能最终拯救自己。对他们来说,同样不是单纯的增长就能改善其最终处境,他们需要的是真正的发展。

三、绿色发展的未来

可以明确的是,不论发达国家还是发展中国家,不论富人还是穷人,都需要绿色发展。但与亚当·斯密所说的"看不见的手"不同,除非类似于某些电影中所展示的环境大危机或世界末日的迫近,环境本身可能尚无法有力地驱动人类自觉意识到环境价值并根据这种价值采取行动。

因此,要推进真正的绿色发展,人类可能还要进一步思考更多的实现环境价值的现实政策工具。但这些工具能否脱离人类已经建立并在许多方面行之有效的传统市场来运行,尚需进一步观察。

另外,在人类自利动机尚占支配地位的情况下,我们还可重点考虑外在的环境法律的作用。但鉴于环境事务的重要性以及绿色发展的紧迫性,可能需要进一步提升环境法律与其他法律地位相对而言的重要性和强制力,使得人们在环境事务与接受环境价值上逐步经历一种从强制到自利并最终内化的递进发展过程。

但不论如何,在让人们自觉接受并采取绿色发展模式方面,我们还有很长的路要走。

第二节　生态民主:绿色发展的制度架构

一、生态民主是什么

在全球环境事务演变过程中,不论是全球环境话语讨论还是联合国全球环境治理机制运作,它们都提出一个极为严峻的问题,也即,应当采用什么样的管理方式才能使建立于环境保护与改善基础上的发展事务进行下去?或者说,用什么样的管理架构来保障环境的代表性和发展的绿色化?说到底,就是生态民主问题。

所谓生态民主,被认为是快速变化的生态环境对现存的民主结构提出重大问题,并提供有益于保障生态健康的替代性决策制定程序的一种方式。[①] 或者说,生态民主是一种替代性的民主模式,它将努力把利益相关者整合进环境决策的制定过程,它摒弃了那种只把环境康乐赋予某些特殊社会团体、把生态环境退化强加给其他人的结构特性。[②]

生态民主还被认为是一种没有边界的民主。它将在跨越现有政治边界的基础上采用新的论坛形式或网络组织形式治理环境与

---

① Ross E. Mitchell, *Building an Empirical Case for Ecological Democracy*, *Nature and Culture* 1/2 (Autumn 2006), P. 149 ~156.

② Ibid.

发展问题。它将考虑把那些从可靠的民主辩论中存活下来的价值作为导向共同体利益的价值,而在这种共同体当中,最重要的利益则是共同体所依赖的生态基础的完整性。①

因此,在生态民主当中,我们既要考虑人类的偏好,还要倾听自然的声音。

二、为什么需要生态民主

由于我们已经将人类发展的基础定位于环境的可持续性,那么在对绿色发展加以规划、管理的组织架构与决策程序上,就必须加强对环境的沟通与理解,必须考虑环境的代表性。即使无法实现环境的投票权,从环境中学习和领悟一些有益于人类的持久生存之道、有益于环境的与环境和平友好之道——对人类与环境两者都没有坏处;至少,它不会增加这种坏处。

另外,也必须指出,现存的自由民主政治已经明显阻挠了绿色发展进程。传统权力、金钱万能以及私人或部门战略的影响都无法适应环境事务的跨边界特征。原有的人类共同体本身也已失去其作为一种生态基础的意义。② 作为对自由民主的一种替代模式,生态民主也许能让人类社会学习到或切实得到更多的生活价值。

三、生态民主的样式及其未来

或许我们已经看到,全球环境事务有各种各样的行为体,有全球、区域、国家、地方等不同治理层次,要考虑发达国家、发展中国家或者还要专门考虑最不发达国家的历史境域。因此,生态民主可能会被理解成不同层次、不同利益相关者的政治辩论与政治妥协场域。

---

① John S. Dryzek, *The Politics of the Earth: Environmental Discourses*, P. 234 ~ 236.

② Ibid., P. 234.

对许多国家与地方而言,生态民主可能更多是一种对生态环境主权的表达。在超越国家与地方的全球或区域层次上,生态民主可能更多的是一种人类与环境作为一个整体的共同体利益的主张。

对政治家而言,生态民主既是他们需要不时宣传的新政治手段,同时又是他们最不熟悉、最为紧张的对抗力量的来源。对科研专家而言,生态民主则为他们提供了展示知识力量的大舞台。对企业家而言,如果转型积极并且成功的话,生态民主就能为他们提供人生财富的新源泉,反之则会掐断他们的生命线。对社会大众而言,生态民主则有利无害,起码不会使他们的处境变得更坏。当然,如果再把环境本身看成是一个重要的行为体,那么,生态民主就有了更为复杂的内容。

但无论如何,由于生态系统、人类系统的复杂作用,生态民主的最终含义也许要靠各层次以及包括环境在内的各种相关力量的持续互动和论争来澄清。或者更为干脆地说,生态民主只能是一种动态的管理架构。作为对自由民主的一种替代,生态民主还需要在其社会基础上为克服现有工业社会的种种阻力做更多的努力。

综合以上内容,对定位于发展中国家的中国而言,不论是绿色发展还是生态民主,都意义深远。如果没有一种彻底的绿色发展过程,如果不在发展过程中严格地提升环境政策与执行能力,如果还不深入考虑环境的经济与社会价值,如果不对环境做更进一步的哲学思考……中国与不断绿化甚或更绿的未来世界将渐行渐远,中国所追求的环境健康与生活质量将失去坚实基础,中国未来的可持续性与强国之梦将难以有效实现。而如果缺乏更高程度的生态民主,如果不学会从环境的灾难性报复中聆听自然的控诉,如果不在行动前首先倾听利益相关者的意愿,如果不在决策中更多考虑作为整体的人类与自然的生态基础的完整性……我们所设想的中国绿色发展事业也就只能停留在概念或规划层面,过度自由民主的洪流将很容易冲毁我们建设伊始尚不牢固——但对未来却至关重要的绿色堤防。

尤其是当我们站在建设生态文明的门槛上,能否真正跨进未来生态文明的乐园,我们还面临很大的不确定性。但如果我们不断推进绿色发展与生态民主事业,我们所迎来的生态文明之光也许会更加灿烂。

参考文献

一、中文部分

专著

蔡拓:《当代全球问题》,天津人民出版社1994年版。

蔡拓等:《全球问题与当代国际关系》,天津人民出版社2002年版。

郇庆治:《环境政治国际比较》,山东大学出版社2007年版。

郇庆治:《欧洲绿党研究》,山东大学出版社2000年版。

黄全胜:《环境外交综论》,中国环境科学出版社2008年版。

门洪华:《和平的纬度:联合国集体安全机制研究》,上海人民出版社2002年版。

曲格平:《梦想与期待:中国环境保护的过去与未来》,中国环境科学出版社2004年版。

舒俭民等:《全球环境问题》,贵州科技出版社2001年版。

苏长和:《全球公共问题与国际合作:一种制度的分析》,上海人民出版社2000年版。

王领信、王孔秀、王希荣:《可持续发展概论》,山东人民出版社2000年版。

魏一鸣、傅小峰、陈长杰:《中国可持续发展管理理论与实践》,科学出版社2005年版。

阎学通、孙学峰:《国际关系研究实用方法》,人民出版社2001

年版。

俞正樑、陈玉刚、苏长河:《21 世纪全球政治范式》,复旦大学出版社 2005 年版。

编著

何德文、李铌、柴立元主编:《环境影响评价》,科学出版社 2008 年版。

郇庆治主编:《环境政治学:理论与实践》,山东大学出版社 2007 年版。

井文涌、何强主编:《当代世界环境》,中国环境科学出版社 1989 年版。

李少军主编:《当代全球问题》,浙江人民出版社 2006 年版。

刘闯主编:《全球变化研究国家策略分析:美国模式研究》,测绘出版社 2005 年版。

毛文永、文剑平编著:《全球环境问题与对策》,中国科学技术出版社 1993 年版。

曲格平、尚忆初编著:《世界环境问题的发展》,中国环境科学出版社 1987 年版。

王杰主编:《国际机制论》,新华出版社 2002 年版。

肖主安、冯建中编著:《走向绿色的欧洲——欧盟环境保护制度》,江西高校出版社 2006 年版。

俞可平主编:《全球化:全球治理》,社会科学文献出版社 2003 年版。

张坤民、潘家华、崔大鹏主编:《低碳经济论》,中国环境科学出版社 2008 年版。

中国现代化战略研究课题组、中国科学院中国现代化研究中心:《中国现代化报告 2007——生态现代化研究》,北京大学出版社 2007 年版。

译著

〔美〕戴维·奥斯本,特德·盖布勒著,周敦仁等译:《改革政府:企业精神如何改革着政府》,上海译文出版社 1996 年版。

〔德〕乌尔里希·贝克著,何博文译:《风险社会》,译林出版社 2004 年版。

〔德〕乌尔里希·贝克、哈贝马斯等著,王学东、柴方国等译:《全球化与政治》,中央翻译出版社 2000 年版。

〔英〕安德鲁·多布森著,郇庆治译:《绿色政治思想》,山东大学出版社 2005 年版。

〔美〕詹姆斯·多尔蒂、小罗伯特·普法尔茨格拉夫著,阎学通、陈寒溪等译:《争论中的国际关系理论》,世界知识出版社 2003 年版。

〔英〕E. 戈德史密斯编,程福祜译:《生存的蓝图》,中国环境科学出版社 1987 年版。

〔美〕朱迪斯·戈尔茨坦、罗伯特·O. 基欧汉编,刘东国、于军译:《观念与外交政策:信念、制度与政治变迁》,北京大学出版社 2005 年版。

〔英〕戴维·赫尔德、安东尼·麦克格鲁编,曹荣湘、龙虎等译:《治理全球化:权力、权威与全球治理》,社会科学文献出版社 2004 年版。

〔美〕罗伯特·O. 基欧汉著,苏长河、信强、何曜译:《霸权之后:世界政治经济中的合作与纷争》,上海人民出版社 2006 年版。

〔美〕罗伯特·O. 基欧汉、约瑟夫·S. 奈著,门洪华译:《权力与相互依赖》第 3 版,北京大学出版社 2002 年版。

〔美〕玛格丽特·E. 凯克、凯瑟琳·辛金克著,韩召颖、孙英丽译:《超越国界的活动家:国际政治中的倡议网络》,北京大学出版社 2005 年版。

〔美〕温都尔卡·库巴科娃、尼古拉斯·奥鲁夫、保罗·科维特主编,肖锋译、张志洲校:《建构世界中的国际关系》,北京大学出版社 2006 年版。

〔美〕约瑟夫·拉彼德、〔德〕F. 克拉托赫维尔主编,金烨译:《文化与认同:国际关系回归理论》,浙江人民出版社 2003 年版。

〔美〕奥尔多·利奥波德著,侯文蕙译:《沙乡年鉴》,吉林人民出版社 1997 年版。

〔英〕克里斯托弗·卢茨著,徐凯译:《西方环境运动:地方、国家和全球向度》,山东大学出版社 2005 年版。

〔德〕斐迪南·穆勒-罗密尔 、托马斯·波古特克主编,郇庆治译:《欧洲执政绿党》,山东大学出版社 2005 年版。

〔美〕诺曼·迈尔斯著,王正平、金辉译:《最终的安全:政治稳定的环境基础》,上海译文出版社 2001 年版。

〔美〕约瑟夫·S. 奈、约翰·D. 唐纳胡主编,王勇、门洪华等译:《全球化世界的治理》,世界知识出版社 2003 年版。

世界环境与发展委员会著,王之佳、柯金良等译:《我们共同的未来》,吉林人民出版社 1997 年版。

〔美〕亚历山大·温特著,秦亚青译:《国际政治的社会理论》,上海人民出版社 2000 年版。

〔美〕芭芭拉·沃德、勒内·杜博斯著,《国外公害丛书》编委会译校:《只有一个地球——对一个小小行星的关怀和维护》,吉林人民出版社 1997 年版。

〔美〕W. 菲利普斯·夏夫利著,新知译:《政治科学研究方法》,上海人民出版社 2006 年版。

〔美〕彼得·休伯著,戴星翼、徐立青译:《硬绿——从环境主义者手中拯救环境·保守主义宣言》,上海译文出版社 2002 年版。

〔美〕罗伯特·K. 殷著,周海涛主译:《案例研究方法的应用》,

重庆大学出版社 2004 年版。

文章、学位论文

〔德〕乌尔里希·贝克:《从工业社会到风险社会》,载薛晓源、周战超主编《全球化与风险社会》,社会科学文献出版社 2005 年版,第 59～134 页。

薄燕:《中国与国际环境机制:从国际履约角度进行的分析》,载《世界经济与政治》2005 年第 4 期,第 23～28 页。

薄燕:《国际环保制度与全球化》,载《学习与探索》2000 年第 2 期,第 82～88 页。

陈振明:《评西方的"新公共管理"范式》,载《中国社会科学》2000 年第 6 期,第 73～82 页。

陈迎:《国际环境制度的发展与改革》,载《世界经济与政治》2004 年第 4 期,第 44～49 页。

〔英〕安德鲁·多布森:《政治生态学与公民权理论》,载郇庆治主编《环境政治学:理论与实践》,山东大学出版社 2007 年版,第 3～21 页。

范菊华:《"认识共同体"与全球气候制度》,载《国际观察》2006 年第 3 期,第 30～35 页。

葛汉文:《全球气候治理中的国际机制与主权国家》,载《世界经济与政治论坛》2005 年第 3 期,第 72～76 页。

贺新元:《可持续发展的社会属性》,载《社会主义研究》2004 年第 4 期,第 120～122 页。

何忠义:《全球环境治理机制与国际秩序》,载《国际论坛》2002 年第 2 期,第 26～30 页。

郇庆治:《国内生态社会主义研究论评》,载《江汉论坛》2006 年第 4 期,第 13～18 页。

郇庆治、李萍:《国际环境安全:现实困境与理论思考》,载《现代

国际关系》2004 年第 2 期,第 17 ~ 22 页。

郇庆治:《80 年代末以来的西欧环境运动:一种定量分析》,载《欧洲》2002 年第 6 期,第 75 ~ 84 页。

黄爱宝:《"节约型政府"与"服务型政府"的内涵定位与范式契合》,载《社会科学研究》2007 年第 5 期,第 54 ~ 59 页。

江泽民:《保护环境,实施可持续发展战略》(1996 年 7 月 16 日),载《江泽民文选》第 1 卷,人民出版社 2006 年版。

江泽民:《正确处理社会主义现代化建设中的若干重大关系》(1995 年 9 月 28 日),载《江泽民文选》第 1 卷,人民出版社 2006 年版。

李东燕:《对气候变化问题的若干政治问题分析》,载《世界经济与政治》2000 年第 8 期,第 66 ~ 71 页。

李兆清:《生态文明:新文明观》,载《高科技与产业化》2007 年第 9 期,第 45 ~ 46 页。

联合国环境规划署:《联合国环境署、全球环境基金和私有部门社论》,载 *Industry and Environment*(中文版)1998 年第 4 期,第 71 页。

蔺雪春:《全球环境治理机制与中国的参与》,载《国际论坛》2006 年第 2 期,第 39 ~ 43 页。

蔺雪春:《大政治观:生态政治观对构建中国和谐社会的有益启示》,载中国人民大学复印报刊资料《中国政治》2006 年第 6 期,第 34 ~ 37 页。

蔺雪春、宋效峰、李建勇:《三个概念的逆向延展:和谐社会—生态政治观—生态人》,载《青海社会科学》2006 年第 2 期,第 15 ~ 17 页。

刘东国:《国际安全的新领域:环境安全》,载《教学与研究》2002 年第 10 期,第 49 ~ 54 页。

刘燕华、葛全胜、方修琦、张雪琴:《全球环境变化与中国国家安全》,载《地球科学进展》2006 年第 4 期,第 346 ~350 页。

潘家华、庄贵阳、陈迎:《“气候变化 20 国领导人会议”模式与发展中国家的参与》,载《世界经济与政治》2005 年第 10 期,第 52 ~57 页。

蒲傅:《欧盟全球战略中的环境政策及其影响》,载《国际论坛》2003 年第 6 期,第 1 ~7 页。

曲格平:《中国环境保护工作的开创者和奠基者——周恩来》,载《党的文献》2000 年第 2 期,第 84 ~88 页。

申曙光:《生态文明及其理论与现实基础》,载《北京大学学报》1994 年第 3 期,第 31 ~37 页。

《世界经济与政治》编辑部:《近年来中国关于国际政治若干问题研究综述(下)》,载《世界经济与政治》2004 年第 7 期,第 1 ~14 页。

宋健:《推动〈中国 21 世纪议程〉实施与实现可持续发展》,载《管理世界》1994 年第 6 期,第 3 ~4 页。

孙伟、邓峰:《可持续发展中的国际利益冲突及其协调机制创新研究》,载《经济体制改革》2003 年第 6 期,第 33 ~36 页。

唐更克、何秀珍、本约朗:《中国参与全球气候变化国际协议的立场与挑战》,载《世界经济与政治》2002 年第 8 期,第 34 ~40 页。

田亚平、徐慧:《环境与发展中的南北关系》,载《世界地理研究》2001 年第 1 期,第 84 ~90 页。

〔日〕丸山正次:《环境政治学在日本:理论与流派》,载郇庆治主编《环境政治学:理论与实践》,山东大学出版社 2007 年版,第 48 ~73 页。

王逸舟:《生态环境政治与当代国际关系》,载《浙江社会科学》1998 年第 3 期,第 12 ~19 页。

〔美〕马丁 · 休伊森、蒂莫西 · 辛克莱,张胜军编译:《全球治理理论的兴起》,载《马克思主义与现实》2002 年第 1 期,第 43 ~50 页。

熊家学、刘光明：《生态社会主义的基本主张与发展态势》，载《当代世界社会主义问题》1994年第2期，第41~46页。

徐犇：《环境与发展——论发达国家与发展中国家之间的公平》，载《世界经济与政治论坛》2005年第4期，第25~30页。

徐再荣：《从科学到政治：全球变暖问题的历史演变》，载《史学月刊》2003年第4期，第114~120页。

杨文利：《周恩来与中国环境保护工作的起步》，载《当代中国史研究》2008年第5期，第21~26页。

于宏源：《〈联合国气候变化框架公约〉与中国气候变化政策协调的发展》，载《世界经济与政治》2005年第10期，第64~69页。

张海滨：《联合国在世界环境与发展事务中的作用》，载《世界经济与政治》1995年第8期，第13~17页。

周茂荣、聂文星：《国外关于世界环境组织的研究》，载《国外社会科学》2004年第1期，第36~41页。

庄贵阳：《欧盟温室气体排放贸易机制及其对中国的启示》，载《欧洲研究》2006年第3期，第68~87页。

庄贵阳：《气候变化与可持续发展》，载《世界经济与政治》2004年第4期，第50~55页。

薄燕：《国际环境保护机制效用研究》，复旦大学硕士学位论文，2000年11月。

互联网与报刊资料

联合国，“联合国环境与发展会议”，http://www.un.org/chinese/aboutun/briefpaper/earth.htm，2006年9月28日。

新华网，“八国峰会就气候变化等议题发表联合声明”，http://news.xinhuanet.com/world/2007-06/08/content_6213282.htm，2007年8月8日。

新华网，“法国发起停电节能5分钟活动”，http://news.xinhuanet. com/world/2007 - 02/01/content_5682795. htm,2007 年 9 月 18 日。

新华网,“法总统希拉克倡导建立联合国环境组织”,http://news. xinhuanet. com/world/2007 - 02/02/content_5688375. htm,2007 年 8 月 8 日。

新华网,“峰会回到‘气候’主题 巴罗佐:中国方案作出贡献”,http://news. xinhuanet. com/world/2007 - 06/07/content_6210660. htm,2007 年 8 月 8 日。

新华网,“联合国教科文组织呼吁全球行动对抗气候变暖”,http://news. xinhuanet. com/world/2007 - 02/01/content_5683178. htm,2007 年 8 月 12 日。

喻捷,“联合国气候变化公约谈判现场汇报”,http://www. greenpeace. org/ china/zh/campaigns/stop - climate - change/our - work/blog - montrealmeeting,2007 年 9 月 14 日。

中国共产党,“中国共产党第十六届中央委员会第三次全体会议公报(2003 年 10 月 14 日)”,http://cpc. people. com. cn/GB/64162/64168/64569/65411/4429167. html,2009 年 10 月 9 日。

中国 NPO 公共信息网,“北京地球村环境文化中心 2002 年度工作报告”,http://www. chinanpo. org/cn/upload/report/1183019286422fe19281d82. pdf,2005 年 3 月 10 日。

中华人民共和国环境保护部,“国际合作”,http://www. mep. gov. cn/inte/index. htm,2009 年 10 月 9 日。

中华人民共和国环境保护部,“中国已经缔约或签署的国际环境公约(目录)”,http://www. mep. gov. cn/inte/gjgy/200310/t20031017_86645. htm,2009 年 10 月 9 日。

“就全球变暖,布什八国峰会前‘公关’”,《新华每日电讯》第 3 版,2007 年 6 月 4 日。

李梦娟,“环保‘升部’35 年荆棘路”,《民主与法制时报》,2008 年 3 月 17 日,AO2 版。

国内组织出版物(决议、文件、法律、报告等)

发展中国家环境与发展部长级会议:《北京宣言》,北京,1991 年 6 月 19 日。

国家环保总局:《“十一五”城市环境综合整治定量考核指标实施细则》,2006 年。

国家计委、国家科委等:《中国 21 世纪议程:中国 21 世纪人口、环境与发展白皮书》,中国环境科学出版社 1994 年版。

胡锦涛:《高举中国特色社会主义伟大旗帜　为夺取全面建设小康社会新胜利而奋斗——在中国共产党第十七次全国代表大会上的报告》(2007 年 10 月 15 日),《人民日报》第 1 ~ 2 版,2007 年 10 月 25 日。

《我国代表团出席联合国有关会议文件集(1972 年)》,人民出版社 1972 年版。

中国共产党第十四届五中全会:《中共中央关于国民经济和社会发展“九五”计划和 2010 年远景目标的建议》,1995 年 9 月 28 日。

《中国环境保护行政二十年》编委会:《中国环境保护行政二十年》,中国环境科学出版社 1994 年版。

中国社会科学院可持续发展研究中心:《气候变化通讯》,总第 9 期,2004 年 4 月 23 日。

中华人民共和国国务院新闻办公室:《中国的环境保护》白皮书,北京,1996 年 6 月。

《中华人民共和国环境保护法》,中华人民共和国第七届全国人民代表大会常务委员会第十一次会议 1989 年 12 月 26 日通过。

《中华人民共和国清洁生产促进法》,中华人民共和国第九届全国人民代表大会常务委员会第二十八次会议于 2002 年 6 月 29 日通过。

《中华人民共和国循环经济促进法》，中华人民共和国第十一届全国人民代表大会常务委员会第四次会议 2008 年 8 月 29 日通过。

二、英文部分

著作

Baker, Susan (et al.) (1997), *The Politics of Sustainable Development: Theory, Policy and Practice within the EU*, London: Routledge.

Benton, Lisa M., and John Rennie Short (eds.) (2000), *Environmental Discourse and Practice: A Reader*, Oxford: Blackwell Publishers Ltd.

Caldwell, Lynton K. (1996), *International Environmental Policy: From the Twentieth to the Twenty – First Century*, 3rd edition, Durham and London: Duke University Press.

——(1990), *Between Two Worlds: Science, the Environmental Movement and Policy Choice*, Cambridge: Cambridge University Press.

Carson, Rachel (2002), *Silent Spring*, anniversary edition, Boston: Houghton Mifflin Company.

Centre for Science and Environment (1999), *Green Politics: Global Environmental Negotiations* 1, New Delhi: Centre for Science and Environment.

Dobson, Adrew. (2000), *Green Political Thought*, 3rd edition, London and New York: Routledge.

Dryzek, John S. (2005), *The Politics of the Earth: Environmental Discourses*, 2nd edition, New York: Oxford University Press.

Graham, Otis L. Jr. (ed.) (2000), *Environmental Politics and Policy*, 1960s ~ 1990s, University Park, Pennsylvania: The Pennsylvania University Press.

Hajer, Maarten A. (1995), *The Politics of Environmental Discourse*:

Ecological Modernization and the Policy Process, New York: Oxford University Press.

Hertin, Julia, Frans Berkhout (eds.) (2000), *Producing Greener, Consuming Smarter*, ESRC Global Environmental Change Programme.

——Ian Scoones, and Frans Berkhout (eds.) (2000), *Who Governs the Global Environment?* ESRC Global Environmental Change Programme.

Hughes, Owen E. (2004), *A Public Management and Administration: An Introduction*, reprint edition of 3rd edition, Peking: China Renmin University Press.

Joyner, C. C. (1998), *Governing the Frozen Commons: The Antarctic Regime and Environmental Protection*, Columbia, SC: University of South Carolina Press.

Keohane, Robert O. (1989), *International Institutions and State Power: Essays in International Relations Theory*, Boulder: Westview Press.

Krasner, Stephen D. (ed.) (2005), *International Regimes*, reprint edition, Peking: Peking University Press.

Lipschutz, Ronnie D. (2004), *Global Environmental Politics: Power, Perspective, and Practice*, Washington, D. C.: CQ Press.

Malabed, Rizalino Noble. (2000), *Global Civil Society and the Environmental Discourse: The Influence of Global NGOs and Environmental Discourse Perspectives in the UNCED's Declaration of Principles and Agenda* 21, Washington: UNU.

Najam, Adil, Mihaela Papa, and Nadaa Taiyab (2006), *Global Environmental Governance: A Reform Agenda*, IISD, Manitoba, Canada.

Peters, B. Guy. (1996), *The Future of Governing: Four emerging models*, Kansas: University Press of Kansas.

Study of Critical Environmental Problems (1970), *Man's Impact on the Global Environment*, Study of Critical Environmental Problems, Cambridge, Massachusetts: MIT Press.

Vig, Norman J., and Michael G. Faure (eds.) (2004), *Green Giants? Environmental Policies of the United States and the European Union*, Cambridge, Massachusetts and London, England: The MIT Press.

Young, Oran R. (2002), *The Institutional Dimension of Environmental Change: Fit, Interplay, and Scale*, Cambridge: MIT Press.

Zehfuss, Maja. (2002), *Constructivism in International Relations*, Cambridge: Cambridge University Press.

文章、论文

Adger, W. Neil, Tor A. Benjaminsen, Katrina Brown and Hanne Svarstad (2001), "Advancing a political ecology of global environmental discourse", *Development and Change* 32:681 ~ 715.

American Political Science Review (1994), Book review of Alexander Wendt for "Ideas and foreign policy: Beliefs, institutions, and political change," *American Political Science Review* 88(4):1040 ~ 1041.

Andresen, Steinar (2001), "Science and politics in international environmental regimes: Some comparative conclusions", *Prepared for presentation at the Open Meeting of the Global Environmental Change Research Community*, Rio de Janeiro.

——, Ellen Hey (2005), "The effectiveness and legitimacy of international environmental institutions", *International Environmental Agreements* 5:211 ~ 226.

Ashley, Richard (1988), "Untying the sovereign state: A double reading of the anarchy problematique," *Millennium* 17:227 ~ 262.

Biermann, Frank., and Udo E. Simonis (1998), "A world environment and development organization: Functions, opportunities, issues", *Policy Paper* 9, Bonn: Development and Peace Foundation.

——, Udo E. Simonis (1998), "Needed now: A world environment and development organization", *Discussion Paper* FS – II 98 – 408, Berlin: Wissenschaftszentrum.

Brooks, D. B. (1992) "The challenge of sustainability: Is environment and economics enough?", Policy Sciences 26: 401 ~ 408.

Christoff, Peter (1996), "Ecological modernisation, ecological modernities", *Environmental Politics* 5(3): 476 ~ 500.

Craig, Donna and Michael I. Jeffery (2006), "Global environmental governance and the United Nations in the 21st century", *Paper presented to European Union Forum Strengthening International Environmental Governance*.

Hardin, Garrett (1968), "The tragedy of the commons", *Science* 162: 1243 ~ 1248.

Hawthorne, M., and T. Alabaster (1999), "Citizen 2000: Development of a model of environmental citizenship", *Global Environmental Change* 9(1): 25 ~ 43.

Ivanova, Maria (2005), "Can the anchor hold? Rethinking the United Nations Environment Programme for the 21st century", *Report* 7, New Haven: Yale Center for Environmental Law and Policy.

Jhonston, Alastair Iain (1998), "China and International Environmental Institutions: A Decision Rule Analysis", in Michael B. McElroy, Chris P. Nielsen and Peter Lydon (eds.), *Energizing China: Reconciling Environmental Protection and Economic Grouth* (Cambridge, MA: Harvard University Press), P. 555 ~ 600.

Kandlikar, Milind., and Ambuj Sagar (1999), "Climate change research and analysis in India: An integrated assessment of a South – North divide", *Global Environmental Change* 9(2):119 ~ 138.

Karlsson, Sylvia (2002), "The North – South knowledge divide: Consequences for global environmental governance", in Daniel C. Esty and Maria H. Ivanova (eds.), *Global Environmental Governance: Options & Opportunities*, Yale School of Forestry & Environmental Studies, P. 53 ~ 77.

Kassas, M. (2002), "Environmental education: Biodiversity", *The Environmentalist* 22:345 ~ 351.

Lejano, Raul P. (2006), "The design of environmental regimes: Social construction, contextuality, and improvisation", *International Environmental Agreements* 6:187 ~ 207.

Loucks, O. L. (1985), "Looking for surprise in managing stressed ecosystems", *Bioscience* 35:428 ~ 432.

Ludwig, D., R. Hilborn and C. Walters (1993), "Uncertainty, resource exploitation and conservation: Lessons from history", *Ecological Applications* 3(4):547 ~ 549, reprinted by permission from Science 260: 17 ~ 36.

Mee, Laurence D. (2005), "The role of UNEP and UNDP in multilateral environmental agreements" *International Environmental Agreements* 5:227 ~ 263.

Mitchell, Ross E. (Autumn 2006), "Building an Empirical Case for Ecological Democracy", *Nature and Culture* 1(2):149 ~ 156.

Mol, Arthur P. J. and David A. Sonnenfeld (2000), "Ecological modernization around the world: An introduction", *Environmental Politics* 9(1):3 ~ 16.

Naess, Arne (1973), "The shallow and the deep, long – range ecology movements: A summary," *Inquiry* 16:95 ~ 100.

O'Neill, John (2001), "Representing people, representing nature, representing the world", *Environment and Planning C: Government and Policy* 19:483 ~ 500.

Riordan, Courtney (1990), "Acid deposition: A case study of scientific uncertainty and international decision making", in Polish Academy of Sciences and National Academy of Sciences (eds.), *Ecological Risks: Perspectives from Poland and the United States*, The National Academies Press, P. 342 ~ 354.

Ruggie, John (1998), "What makes the world hang together: Neo - utilitarianism and the Social Constructivist challenge," *International Organization* 52(4):855 ~ 885.

Schreurs, Miranda A. (2007), "The politics of acid rain in Europe", in Gerald R. Visgilio, Diana M. Whitelaw (eds.), *Acid in the Environment*, Springer US, P. 119 ~ 149.

——, William C. Clark, Nancy M. Dickson, and Jill Jäger (2001), "Issue attention, framing and actors: An analysis of patterns across arenas," in Social Learning Group, *Learning to Manage Global Environmental Risks*, Cambridge: MIT Press, P. 349 ~ 364.

Selin, Henrik and Noelle Eckley (2003), "Science, politics, and persistent organic pollutants: The role of scientific assessments in international environmental co - operation", *International Environmental Agreements: Politics, Law and Economics* 3:17 ~ 42.

Soroos, Marvin S. (2003), "The tragedy of the commons in global perspective", in Charles W. Kegley, Jr. and Eugene R. Wittkopf (eds.), *The Global Agenda: Issues and Perspectives*, 6th edition, reprint edition, Peking: Peking University Press, P. 483 ~ 497.

Strong, Maurice F. (1999), *Hunger, Poverty, Population and Environment, Madras, India: The Hunger Project Millennium Lecture*.

Taylor, Frederick Winslow (2004), The principles of scientific management, in Jay M. Shafritz and J. Steven Ott (eds.), *Classics of Origization Theory*, 5th edition, reprinted edition, peking: China Renmin University Press.

国际组织出版物(条约、决议、报告)

APEC Climate Center (19 - 21 August 2008), *Review of Climate Condition over ASIA - PACIFIC Region during* 2007 ~ 2008, Peru: Lima.

APEC Industrial Science and Technology Working Group (19 - 21 August 2008), *Report on APEC Climate Symposium*, Peru: Lima.

Commission on Global Governance (1995), *Our Global Neighborhood*, Oxford: Oxford University Press.

General Assembly (2000), *United Nations Millennium Declaration*, A/RES/55/2.

——(1997), *Programme for the Further Implementation of Agenda* 21, GA Res. S/19 - 2.

——(1988), *Protection of Global Climate for Present and Future Generations of Mankind*, A/RES/43/53.

——(1972), *Institutional and Financial Arrangements for International Environmental Cooperation*, General Assembly Resolution 2997 (XXVII).

——(1968), *Problems of the Human Environment*, the General Assembly Resolution 2398 (XXIII), at the 1733rd Plenary Session.

Global Environment Facility Council Meeting (2001), *Initial Guidelines for Enabling Activities for the Stockholm Convention on Persistent Organic Pollutants*, GEF/C. 17/4.

——(1995), *Scope and Preliminary Operational Strategy for Land Degradation*, *GEF/C. 3/8*.

——(1994), *Gef Council: A Proposed Statement of Work*, GEF/C. 1/2.

Intergovernmental Panel on Climate Change (2001), *Climate Change* 2001: *The Scientific Basis*. Contribution of Working Group I to the Third Assessment Report of the Intergovernmental Panel on Climate Change, Cambridge and New York: Cambridge University Press.

——(1996), *Climate Change* 1995: *Impacts, Adaptations and Mitigation of Climate Change: Scientific - Technical Analysis*. Contribution of Working Group II to the Second Assessment Report of the Intergovernmental Panel on Climate Change, Cambridge and New York: Cambridge University Press.

International Council of Scientific Unions (1985), *the Assessment of the Role of Carbon Dioxide and of Other Greenhouse Gases in Climate Variations and Associated Impact*, Villach.

OECD (2001), *OECD Environmental Outlook*, Paris.

United Nations (2000), *We the Peoples: The Role of the United Nations in the 21st Century*, New York: United Nations.

——(1992), *United Nations Framework Convention on Climate Change*, FCCC/INFORMAL/84 GE. 05 - 62220 (E) 200705.

United Nations Centre for Human Settlements (Habitat) (1996), *An Urbanizing World: Global Report on Human Settlements* 1996, New York: Oxford University Press.

UN Commission on Sustainable Development (2002), *Matters Related to the Organization of Work during the World Summit on Sustainable Development: Draft Decision Submitted by the Chairman on Behalf of the Bureau*, A/CONF. 199/PC/L. 7.

United Nations Economic and Social Council (2001), *Implementing Agenda 21: Report of the Secretary – General*, E/CN. 17/2002/PC. 2/7.

United Nations Environment Programme (2006), *Organization Profile*.

——(2005), *Bali Strategic Plan for Technology Support and Capacity – building*, UNEP/GC. 23/6/Add. 1.

——(2005), *Register of International Environmental Treaties and other Agreements in the Field of the Environment*, UNEP/Env. Law/2005/3.

——(2004), *International environmental governance: Report of the executive director*, UNEP/GC. 23/6.

——(2002), *Global Environmental Outlook* 3. London: Earthscan Publications Ltd.

——(2002), *Linkages Among and Support to Environmental and Environment – related Conventions*, UNEP/GC. 22/INF/14.

——(1997), *Nairobi Declaration on the Role and Mandate of the UNEP*, UNEP/GC. 19/1.

——, IUCN, WWF(1991), *Caring for the Earth: A Strategy for Sustainable Living*, Gland: Published in partnership by IUCN, UNEP and WWF.

——, IUCN, WWF, FAO, UNESCO (eds.) (1980), *The World Conservation Strategy*, Gland: IUCN.

United Nations Educational, Scientific and Cultural Organization (1975), *The International Workshop on Environmental Education*, Belgrade, Final Report, IEEP, Paris, ED – 76/WS/95.

国际互联网资料

BCC Research, "The global market for energy management information syste - ms", available at http://www.bccresearch.com/RepTemplate.cfm? ReportID = 178&cat = egy &RepDet = SC&target = repdetail.cfm, accessed on 20 September 2007.

Eduard Pestel, "Abstract for 'The limits to growth'", available at http://www.clubofrome.org/docs/limits.rtf, accessed on 24 April 2007.

EU, "The Single European Act", available at http://europa.eu/scadplus/treaties/singleact_en.htm#INSTITUTIONS, accessed on 11 June 2008.

——, "The Amsterdam Treaty: the Union and the citizens", available at http://europa.eu/scadplus/leg/en/lvb/a15000.htm, accessed on 11 June 2008.

FON, "Encouraging green consumption, realizing sustainable development", available at http://www.fon.org.cn/content.php? aid = 8762, accessed on 15 October 2009。

Gaylord Nelson, "Earth Day 70: What It Meant", available at http://www.epa.gov/h/topics/earthday/02.htm, accessed on 8 July 2008.

Global Greens, "Global Greens Charter - 2001", available at http://www.globalgreens.org/ globalcharter, accessed on 2 June 2009.

HSBC, "HSBC wins environmental performance award", available at http://www.banking.hsbc.com.hk/hk/aboutus/press/content/07feb06e.htm, accessed on 20 September 2007.

ISO/TC207, "About ISO/TC207", available at http://www.tc207.org/about207.asp, accessed on 20 September 2007.

Tanja Brühl and Udo E. Simonis, "World ecology and global environmental governance", available at http://skylla.wz - berlin.de/pdf/

2001/ii01 -402. pdf, accessed on 31 October 2006.

Tesco, "Measuring our carbon footprint", available at http://www. tesco. com/climatechange/carbonFootprint. asp, accessed on 20 September 2007.

The First World Climate Conference, "Declaration ('An appeal to nations') and

supporting documents", available at http://www. wmconnolley. org. uk/sci/iceage/wcc -1979. html, accessed on 21 September 2007.

"The Toronto and Ottawa conferences and the 'Law of the Atmosphere'", availa - ble at http://www. cs. ntu. edu. au/homepages/jmitroy/sid101/uncc/fs215. html, accessed on 17 September 2007.

United Nations, "Achim Steiner", available at http://www. un. org/News/ossg/sg/stories/senstaff_details. asp? smgID = 77, accessed on 28 December 2006.

——, "Monterrey consensus of the International Conference on Financing for D - evelopment, the final text of agreements and commitments adopted at the In - ternational Conference on Financing for Development Monterrey", Mexi - co, 18 - 22 March 2002. Available at http://www. un. org/esa/ffd/Monterrey/Monterrey% 20Consensus. pdf, accessed on 18 August 2007.

——, "Special session of the General Assembly to review and appraise the i - mplementation of Agenda 21", New York, 23 - 27 June 1997. Available at http://www. un. org/esa/earthsummit/, accessed on 28 December 2006.

UN Conference on Environment and Development, "Rio declaration on environ - ment and development", available at http://www. unep. org/Documents/Default. Print. asp? DocumentID = 78&ArticleID =

1163, accessed on 26 November 2005.

——, "Agenda 21", available at http://www.un.org/esa/sustdev/documents/agenda21/english/agenda21toc.htm, accessed on 26 November, 2006.

UN Conference on Human Environment, "Action plan for the human environ – ment", Recommendation 70, 79, 102, available at http://www.sovereignty.net/un – treaties/STOCKHOLM – PLAN.txt, accessed on 2 July 2007.

——, "Declaration of the United Nations Conference on the Human Environm – ent", available at http://www.unep.org/Documents.multilingual/Default.asp? DocumentID = 97&ArticleID = 1503, accessed on 23 September 2006.

UN Commission on Sustainable Development, "About UNCSD", available at http://www.un.org/esa/sustdev/csd/aboutCsd.htm, accessed on 23 September 2006.

United Nations Development Programme, "UNDP jobs", available at http://jobs.undp.org/index.cfm, accessed on 11 May 2007.

United Nations Environment Programme, "COP 13, CMP 3, SB 27 & AWG 4", available at http://unfccc.int/meetings/cop_13/items/4049.php, accessed on 16 December 2007.

——, "COP/SB archives", available at http://unfccc.int/meetings/archive/items/2749.php, accessed on 11 September 2007.

——, "Informal thematic debate: Climate change as a global challenge", available at http://www.un.org/ga/president/61/follow – up/thematic – climate.shtml, accessed on 11 September 2007.

——, "Status of ratification", available at http://unfccc.int/essential_background/convention/status_of_ratification/items/2631.php, accessed on 11 September 2007.

——,"Vienna climate change talks 2007",available at http://unfccc. int/meetings/intersessional/awg_4_and_dialogue_4/items/3999. php,accessed on 11 Septem - ber 2007.

——,"Activities in environmental assessment", available at http://www. unep. org/themes/assessment/, accessed on 11 August 2007.

——,"Science initiative",available at http://www. unep. org/scienceinitiative/systems. asp,accessed on 11 August 2007.

——,"Governing Council/Global Ministerial Environmental Forum",available at http://www. unep. org/resources/gov/overview. asp, accessed on 2 July 2007.

——,"The Global Civil Society Forum",available at http://www. unep. org/civil_society/GCSF/index. asp,accessed on 2 July 2007.

——,"Former executive directors of the United Nations Environment Program - me", available at http://www. unep. org/Documents. Multilingual/Default. asp? DocumentID = 43&ArticleID = 5253&l = en, accessed on 29 May 2007.

——,"Attendance and organization of work",available at http://www. unep. org/Documents. Multilingual/default. asp? DocumentID = 97&ArticleID = 1517&l = en,a - cessed on 25 September 2006.

United Nations Educational, Scientific and Cultural Organization, "United Natio - ns Decade of Education for Sustainable Development (2005 - 2014): Interna - tional Implementation Scheme", available at http://www. unescobkk. org/fileadmin/user _ upload/esd/documents/ESD_IIS. pdf,accessed on 15 October 2009.

United Nations Framework Convention On Climate Change, "Bali

Action Plan", available at http://unfccc. int/files/meetings/cop_13/application/pdf/cp_bali_action. pdf, accessed on 17 March 2008.

Working Group I of IPCC, "The fourth assessment Report (AR4) 'The physical science basis of climate change'", available at http://ipcc - wg1. ucar. edu/wg1/wg1 - report. html, accessed on 19 September 2007.

World bank, "Topics in development", available at http://www. worldbank. org/html/extdr/thematic. htm, accessed on 11 May 2007.

World Business Council for Sustainable Development, "About WBCSD", available at http://www. wbcsd. ch/templates/TemplateWBCSD5/layout. asp? type = p&MenuId = NjA&doOpen = 1&ClickMenu = LeftMenu, accessed on 11 May 2007.

World Economic Forum, "Shaping the global agenda", available at http://www. weforum. org/en/events/index. htm, accessed on 12 May 2007.

World Summit on Sustainable Development, "Johannesburg declaration on susta - inable development", available at http://www. johannesburgsummit. org/html/documents/summit_docs/1009wssd_pol_declaration. htm, accessed on 28 Decem - ber 2006.

——, "Plan of implementation of the World Summit on Sustainable Developm - ent", available at http://www. un. org/esa/sustdev/documents/WSSD_POI_PD/English/WSSD_PlanImpl. pdf, accessed on 23 September 2006.

附录1　英文首字母缩略词表

CENRD:Committee on Energy and Natural Resources for Development

ECOSOC:Economic and Social Council

EMG:Environmental Management Group

EU:European Union

FAO:Food and Agriculture Organization of the United Nations

FOE International:Friends of the Earth International

FON:Friend of Nature

GCSF:Global Civil Society Forum

GEF:Global Environment Facility

GMEF:Global Ministerial Environment Forum

ICSU:International Council of Scientific Unions

IEEP:International Environmental Educational Program

ILO:International Labor Office

IPCC:Intergovernmental Panel on Climate Change

ISO:International Organization for Standardization

IUCN:International Union for Conservation of Nature

OECD:Organization for Economic Co-operation and Development

OPEC:Organization of the Petroleum Exporting Countries

TC207:Technical Committee 207

UN:United Nations

UNCED:UN Conference on Environment and Development

UNCHE:UN Conference on Human Environment

UNCHS:United Nations Centre for Human Settlements (Habitat)

UNCSD:UN Commission on Sustainable Development

UNEP:United Nations Environment Programme

UNECOSCO:United Nations Economic and Social Council

UNESCO:United Nations Educational, Scientific and Cultural Organization

UNFCCC:United Nations Framework Convention On Climate Change

WBCSD:World Business Council for Sustainable Development

WCED:World Commission on Environment and Development

WEF:World Economic Forum

WEO:World Environmental Organization

WMO:World Meteorological Organization

WSSD:World Summit on Sustainable Development

WWF:World Wide Fund for Nature

附录2　文中所用图表

致　谢

文稿虽已完成，但我心中所负的压力并未减轻。因我还要为自己年轻的家庭生计与发展而奔波。然而，无论如何，文稿的写作总应该暂告段落了吧。或许，我可以用它暂时抚慰我那颗坚强但却饱受煎熬的心，抚慰我那发梢早已泛白、眼神满含着期许的父母，抚慰我那曾经独自支撑了六年、真的很不容易的妻子……

而文稿最终得以能够完成，则要首先感谢我的博士导师郇庆治教授。不论是从文章的选题、设计、方法，还是文章的写作、督导等各个方面，他都给予了我热情而又严谨细致的指导和帮助；通过参加郇老师组织的周末讨论，我懂得了如何用一种尽量客观、科学的方法去看待并研究国际政治以及环境政治问题；更重要的是，从他的身上，我看到了一种勤劳敬业、开拓奋进的精神。然后还要感谢山东大学政治学与公共管理学院的各位老师以及所有为我文章写作提供借鉴的老师与专家们：刘玉安教授、杨鲁慧教授、王学玉教授、方雷教授、刘昌明教授……他们或在教学或在论文选题与资料、观点等方面都给了我莫大的帮助。其次要感谢那些热情助人的同学们：郭志俊、宋效峰、曲延春、李建勇、李彦文、张垚、常辉、郭晨星、曲宏歌、朱友刚、张庆伟……他们都给了我莫大的激励。再者要感谢在我求学期间给予我以及我的父母和家人巨大帮助的亲朋们，他们的援助使我以及我的父母和家人平安度过了困难时期。如果允许的话，最后要感谢的则是我的父母、妻子和那可爱的儿子，是他们无声的期盼与无私的奉献让我有了继续拼搏的力量和勇气。

文稿最终得以出版,则要感谢我现工作单位山东工商学院,是学校科研处、学科建设办公室及所在公共管理学院、社会保障学科的领导和老师们,支持我将文稿出版。也要感谢中央编译局的领导、老师和朋友们,他们给了我很多的关心和指点。还要感谢出版社的编辑老师,是他们不辞辛劳,为我认真审阅和校正文稿内容。

我深深地知道,文稿的完成并不意味着探索的终结,或许问题的面纱才刚被掀起。同样,我仍深深地知道,文章写作与当前学习只是我人生道路上必不可少的磨练,而我今后的道路依旧漫长,我还要面对或经受更多的考验。但我相信,我能够用我已经或将要获得的知识、力量和勇气去面对它们,面对更多未知的挑战……

最后还要说明的是,该文稿只是笔者初次研究的成果,仅代表个人观点,目的在于为政界、学界、实务界提供一种支持,文中疏漏之责当由笔者自负。

蔺雪春

2013 年 3 月于烟台醉雨雪斋